"大国三农"系列教材

植物生理学实验

韩玉珍　张学琴　主　编

科学出版社

北　京

内 容 简 介

本书涵盖了植物生理学常用的实验方法与研究技术，所选实验内容大多数经多年教学实践的检验和完善。此外，我们还挖掘了植物生理学与生物化学国家重点实验室各课题组科研工作中目前常用的植物生理实验相关项目，设计成实验。参加编写的人员均为多年从事植物生理学教学的一线教师及中国农业大学植物生理学与生物化学国家重点实验室的科研骨干教师，保证了所选实验项目的科学性、先进性、实用性和可操作性。本教材在出版纸质教材的同时，部分重点实验还配套制作了数字化教学内容，有利于学生更加直观地学习和掌握相关实验技术，拓宽视野。

本书适用于高等学校生物科学类及农学类各专业本科生的实验教材，也可用于研究生及植物科学相关专业科研工作者的参考书。

图书在版编目（CIP）数据

植物生理学实验/韩玉珍，张学琴主编. —北京：科学出版社，2021.10
"大国三农"系列教材
ISBN 978-7-03-069843-8

Ⅰ. ①植… Ⅱ. ①韩… ②张… Ⅲ. ①植物生理学－实验－高等学校－教材 Ⅳ. ① Q945-33

中国版本图书馆 CIP 数据核字（2021）第 188481 号

责任编辑：刘 畅/责任校对：严 娜
责任印制：赵 博/封面设计：迷底书装

科 学 出 版 社 出版
北京东黄城根北街16号
邮政编码：100717
http://www.sciencep.com

天津市新科印刷有限公司印刷
科学出版社发行 各地新华书店经销

*

2021年10月第 一 版 开本：787×1092 1/16
2025年1月第六次印刷 印张：10 1/4
字数：262 400
定价：45.00 元
（如有印装质量问题，我社负责调换）

《植物生理学实验》编写人员名单

主　　编	韩玉珍	张学琴	
副 主 编	吴晓岚	洪旭晖	
参编人员	李颖章	王　毅	张晓燕
	陈益芳	张　静	王　瑜
	陈丽梅	李继刚	蒋才富
	李　溱	李　云	吕晓梅
	毛同林	王保民	
主　　审	张蜀秋		

配套数字资源

本书以下实验配套制作了数字化教学内容，读者可以用手机扫描后浏览观看：

实验	
实验七　小液流法测定植物组织的水势	
实验八　渗透势测定仪测定植物组织的渗透势	
实验十　压力室法测定植物组织的压力势	
实验十二　光、钾离子与 ABA 对气孔运动的调节	
实验十三　植物叶片气孔导度的测定	
实验十四　双电极电压钳技术测定钾离子通道的活性	
实验十九　植物叶片钠离子和钾离子含量的测定	
实验二十　植物无机磷含量的测定	
实验二十一　离子色谱法测定植物体内硝酸根离子的含量	
实验二十二　硝酸还原酶活性的测定	
实验二十九　植物叶绿素荧光参数的测定	
实验三十　CO_2 红外线气体分析仪测定植物叶片的光合速率和 CO_2 补偿点	
实验四十一　免疫荧光技术检测生长素转运蛋白 PIN2 的亚细胞定位	
实验四十八　液相色谱 - 质谱联用技术测定植物内源激素含量	
实验五十一　玉米叶片原生质体的制备	

前　言

　　植物生理学是生命科学的基础学科之一，是与生物、农学等相关的各专业学生必修的一门专业基础课。植物生理学的深入研究和发展对农业生产、环境保护乃至生物圈的良性循环都有深刻而久远的影响。植物生理学又是一门实验性很强的学科，其基本理论、原理都来源于严格的科学实验。因此通过植物生理实验课程训练学生掌握植物生理学研究技术与方法，培养学生分析解决问题的能力、严肃认真的科学态度和创新思维，不仅有利于学生掌握课堂理论知识，也是学生毕业后从事相关科学研究所必需的素养。

　　本书涵盖植物生理学常用的实验方法与研究技术：包括植物细胞生理、水分生理、离子跨膜运输与矿质营养、光合作用、生长物质、生长发育生理、成花生理、生殖生理、衰老脱落、逆境生理等。所选实验内容均经本教研室实验课的检验完善。此外，我们还重点挖掘了植物生理学与生物化学国家重点实验室各课题组科研工作中常用的植物生理实验相关项目，设计成实验。参加编写的人员均为多年从事植物生理学教学的一线教师及植物生理学与生物化学国家重点实验室的科研骨干教师，保证了所选实验项目的科学性、先进性、实用性和可操作性。鉴于近年来信息技术的快速发展，本教材在出版纸质教材的同时，部分实验配套制作了实验演示视频等数字化教学内容，有利于学生更加直观地学习掌握相关技术，拓宽视野，为今后的科研工作打下坚实基础。

　　本书中大部分实验项目是在本教研组多年教学实践的基础上，由韩玉珍、张学琴、吴晓岚、洪旭晖、李颖章等多位教师精心修订和补充完成。张学琴、吴晓岚、洪旭晖、吕晓梅、陈丽梅老师完成了视频拍摄工作。植物生理学与生物化学国家重点实验室王毅、张晓燕、陈益芳、张静、王瑜、李继刚、蒋才富、李溱、毛同林和农业生物技术学院的王保民老师提供并设计了研究室科学研究工作中常用的植物生理学方法与技术的实验项目。全书和视频内容由韩玉珍、张学琴、吴晓岚统稿和修改，最终由张蜀秋老师审阅定稿。视频由纪晓峰协助拍摄。对各位老师和拍摄人员付出辛勤的劳动，在此表示衷心感谢！

　　尽管在编写过程中编者尽了最大努力，但不足之处仍在所难免，望读者予以指正。

编　者

2021 年 5 月于中国农业大学

目　　录

一、植物细胞的活体染色及死活鉴定

活体染色是介于活体观察和固定、切片染色之间的一种方法，是选用某些无毒或毒性较小的染色剂，显示出细胞内某些构造的存在，而不影响细胞的生命活动也不产生任何物理、化学变化以致引起细胞死亡的方法。

中性红是常用的活性染料之一，又是一种 pH 指示剂，其变色范围在 pH6.4～8.0 之间（由红变黄），在酸性条件下中性红的解离度很强，带色的阳离子呈樱桃红色，在 pH7 以上，它不解离而以分子态溶解于水呈橙黄色的溶液。中性红的分子式为：

活的植物细胞，其含水分的纤维素细胞壁上往往有羟基，液泡呈酸性。如果用偏酸性的中性红溶液进行活体染色（活染）时，由于中性红在介质中已成解离态，其带色的阳离子易被吸附在细胞壁上使壁显红色，而活细胞的原生质和液泡均无色；如果在中性或微碱性的液体环境中，中性红分子便有进入液泡并呈解离形式的趋势，当中性红分子进入偏酸的液泡处，解离出带色的阳离子而呈玫瑰红色，累积在液泡里，这时液泡显色而原生质和细胞壁不着色；如果是死细胞，原生质体凝固并丧失半透性，表现为细胞核和细胞质均被染成橙红色。可根据这些现象鉴定细胞死活。

【实验材料】

洋葱鳞茎，大葱叶基部分，小麦叶片等。

【实验设备】

显微镜，小培养皿，载玻片和盖玻片，刀片，尖头镊子，吸水纸，酒精灯等（本书省略了常用和简单的实验仪器与设备，如天平等）。

【实验试剂】

0.03% 中性红溶液：0.3 g 中性红溶于 1000 mL 蒸馏水中（本书省略了水等常用试剂）。

【实验步骤与结果】

1. 取洋葱的内层幼嫩鳞片，用刀片在鳞片内侧纵横切割成 0.5 cm² 的小块，用尖头镊子将内表皮小块轻轻撕下，置于载玻片上，滴加清水后盖上盖玻片，在较暗的视野下进行镜检。仔细辨认成熟细胞的各个部分：①透明而界限清晰的细胞壁；②有颗粒状结构的原生质；③中央大液泡。若用小麦叶片为材料时，可采 1 片叶片，将叶背面朝上平铺在载玻片上，再将此载玻片放入盛有少量清水的培养皿内，用左手将叶片按平，右手用刀片从一个方向轻轻刮去下表皮和叶肉部分，只留下透明的一层上表皮细胞，然后将其切成约 1 cm² 的小块。

2. 将制成的表皮小块放入盛有 0.03% 中性红溶液的小培养皿中染色 5～10 min，然后取出浸入自来水中漂洗 10 min，选其中染色均匀的材料小块进行镜检，仔细观察经活体染色后的细胞各部分：注意液泡、细胞壁以及原生质的染色情况，图示并分析说明实验结果。

3. 将中性红染色后的材料小块取出用蒸馏水漂洗 10 min 后，在显微镜下观察。注意细胞壁、液泡，以及原生质的染色情况，图示并分析说明实验结果。

4. 在上述制片中寻找个别死细胞，注意观察细胞核和原生质的染色情况。图示并分析说明实验结果。或另取制片放在载玻片上在酒精灯火焰上微微加热使细胞致死，在显微镜下观察死细胞内原生质、细胞核的染色情况。

图 1-1　不同形式的质壁分离
（a）凹形质壁分离；（b）凸形质壁分离；
（c）帽形质壁分离

二、质壁分离及质壁分离复原

生活细胞的原生质体及质膜具有半透性，细胞内部还包含着一个大液泡，它具有一定的渗透势。当细胞与外界高渗溶液接触时，细胞内的水分外渗，原生质体随液泡一起收缩而脱离了细胞壁发生分离现象；当细胞与低渗溶液接触时，细胞吸水发生质壁分离复原。死细胞没有这种现象，因此，可利用质壁分离及质壁分离复原现象来鉴定细胞死活。

植物细胞的质壁分离可有多种形式，如凸形、帽形等，如图 1-1 所示。

质壁分离形式的不同往往与原生质的黏性有关，凡是原生质黏度大的，能维持较长时间的凹形；原生质黏度小的，较快形成凸状质壁分离。Ca^{2+} 能降低原生质胶体的水合度，即可增高原生质的黏性；而 K^+ 则相反，它能提高原生质胶体的水合度，降低原生质的黏性。因此，经 Ca^{2+} 处理后，原生质发生凹形质壁分离，而经 K^+ 处理则发生凸形质壁分离。当用 K^+ 的高渗溶液进行长时间质壁分离时，由于原生质水合度大大增加，似帽状包围在收缩的液泡两端，称为帽状质壁分离。

【实验材料】

洋葱鳞茎，大葱叶基部分，小麦叶片等。

【实验设备】

显微镜，小培养皿，载玻片和盖玻片，刀片，尖头镊子，滤纸条等。

【实验试剂】

1 mol/L 蔗糖溶液，0.02 mol/L $CaCl_2$ 溶液，0.03 mol/L KCl 溶液。

【实验步骤与结果】

1. 同上实验制取活体染色制片，在显微镜下确定活细胞的观测视野后，在载玻片的一端轻轻滴加一滴 1 mol/L 蔗糖溶液，在载玻片的另一端用滤纸条吸引以使蔗糖液浸到全部制片上。处理的同时在镜下注意观察生活细胞发生质壁分离的变化过程：整个细胞首先发生轻微均匀的收缩，随着胞壁松弛，原生质逐渐自细胞角隅处脱离壁发生"初始质壁分离"现象。注意在原生质收缩的同时，有很多被撕扯的原生质丝（称 Hecht 线）仍将"质"与"壁"连系着，这表明生活原生质本是紧贴着细胞壁的，由于细胞脱水，原生质也随着发生不均匀的收缩，使原生质细丝残留下来。

2. 在制片一端滴加清水，在另一端用滤纸条将水吸引到全部制片上，观察细胞质壁分离复原现象。

3. 取实验一制备的活体染色制片，然后将制片分别浸入 0.02 mol//L 的 $CaCl_2$ 与 0.03 mol/L 的 KCl 溶液内，浸泡 20～24 h 后，取出置于载玻片上，盖上盖玻片，再滴加 1 mol//L 的蔗糖溶液使之发生质壁分离，仔细观察质壁分离的不同形式。

若轻轻挤压已发生质壁分离的细胞，由于液泡破裂，有中性红着色的泡液流出，中性红遇 K^+ 或 Ca^{2+} 后立即形成暗红色小颗粒，布满整个细胞腔。生活无损的细胞则无此现象。

【思考题】

1. 根据实验结果，说明活细胞与死细胞原生质性质有哪些不同？如何加以区别？

2. 在用中性红活体染色时，用自来水（pH7.0 以上）冲洗浸泡与用蒸馏水（pH7.0 以下）效果有何不同？为什么？

3. 死细胞为什么不能发生质壁分离及质壁分离复原？

植物液泡的观察

一、小麦幼根中液泡的形成

大液泡是植物细胞特有的细胞器之一，由单层膜包裹。液泡的主要功能是积累和贮存养料及多种代谢产物，同时也协助调节细胞渗透压，维持细胞内水分平衡等。液泡中可积累和贮存糖、蛋白质、磷脂、单宁、有机酸、植物碱、色素和盐类等，因此花、叶和果实的颜色，除绿色之外，大多由液泡内所积累的色素所产生。

【实验材料】

萌发的小麦胚根。

【实验设备】

显微镜，载玻片，盖玻片，镊子，滴管，刀片，小培养皿。

【实验试剂】

0.03% 中性红溶液。

【实验步骤与结果】

切取萌发小麦胚根尖端（距尖端 1 cm 左右），浸入中性红溶液中染色 10～15 min，然后取出用自来水冲洗 5～10 min，撕取表皮（或作断根纵剖面）于显微镜下进行镜检。可见：在分生区胚性细胞里有少量零星的小红点，表示液泡已开始形成；进入伸长期的细胞内有红色网状交错的液泡结构；在成熟段的细胞里，则有一个很完整的大型液泡，一般位于细胞的中央。

二、液泡的分离

【实验材料】

紫洋葱，紫萝卜叶。

【实验设备】

小镊子，载玻片与盖玻片，显微镜。

【实验试剂】

0.5 mol//L 蔗糖溶液。

【实验步骤与结果】

撕取紫色洋葱或萝卜叶片表皮，置于载玻片上，滴加清水后盖上盖玻片，于显微镜下观察制片中的细胞内有一个完整的、含花青素的玫瑰紫色大液泡。用滤纸条吸引液体的方法连续滴加 0.5 mol//L 蔗糖溶液，细胞逐渐发生质壁分离，随着处理时间延长，含有花青素的液泡会完整地游离出来。

【思考题】

1. 阐述植物液泡的结构与功能。
2. 液泡膜上有哪些蛋白可参与其渗透调节作用?
3. 说明植物保卫细胞的运动与液泡的关系。

在生活细胞内，原生质的活跃流动现象统称为原生质运动。原生质运动是生活细胞的重要标志之一。原生质可以在细胞内流动，也可以通过胞间连丝穿流于细胞与组织之间，有时并非全部原生质都参与运动而仅限于局部细胞质，往往原生质表面的透明层（hyaloplasm）处于静止状态。

原生质运动在所有生活细胞中均可见，但往往在某些特定材料中表现得特别明显。有时由于在制片时对材料的机械损伤，也会引起原生质发生强烈的运动。

原生质运动是细胞消耗能量而做功的生理过程，它与植物体内的物质运输与分配，以及多种酶促反应密切联系。原生质运动有各种形式，一般将原生质运动归为两类，凡并非因外界环境的改变而引起的原生质运动，称为自发性的原生质运动；由于某种外界原因而引起的原生质运动称为诱发性的原生质运动。

本实验使用光学显微镜观察几种植物细胞原生质的运动现象；测定原生质运动的速度及观察呼吸抑制剂 2,4- 二硝基苯酚（DNP）对原生质运动的影响。

【实验材料】

黑藻，轮藻，小麦幼苗（种子萌发 2～3 d 的根，长 1～2 cm），紫鸭跖草（正在开花的）、洋葱鳞茎（紫皮），南瓜叶片表皮毛或茎部表皮毛。

【实验设备】

显微镜，载玻片，盖玻片，镊子，剪刀，目镜测微尺，台尺，秒表，滤纸等。

【实验试剂】

5×10^{-4} mol/L 的 2,4- 二硝基苯酚溶液。

【实验步骤】

1. 观察几种植物细胞的原生质运动现象

① 黑藻叶片的观察：用镊子取下黑藻幼嫩叶片放于载玻片上，滴加清水并盖上盖玻片，在显微镜下观察，寻找沿叶片中脉的部分，细胞中叶绿体随原生质沿胞壁移动（若室温低于 20℃或阴天看不见原生质运动现象时，可用强光照射 15～20 min 后再观察）。注意整个叶片中哪些部分原生质流动得最快，相邻两细胞中流动方向有何不同。

② 轮藻节间细胞的观察，取一株轮藻（含有两个以上的节）节间，用水洗净后置于载玻片上，加盖玻片于显微镜下观察，由于轮藻节间外面常有沉积物附着不易看清，因此可先在低倍物镜下移动载玻片，找到合适的部分后再换高倍物镜观察，细胞中排列整齐的叶绿体并不移动，而原生质透明部分夹带着大小颗粒一起流动，小心地调动细螺旋仔细观察。

③ 小麦根毛的观察：将小麦根剪下放在载玻片上，加盖玻片在低倍镜下找到根尖以上的根毛区，然后在高倍镜下进行镜检，可以看到透明原生质夹带一些颗粒沿根毛细胞壁流动，注意根毛尖端和基部原生质流动方向的变化。

④ 紫鸭跖草雄蕊毛的观察：将正在开放或即将要开的紫鸭跖草的花剥开，用镊子取下几根雄蕊毛，在显微镜下观察，可见细胞内的原生质以不固定的方向流动。

⑤ 洋葱鳞茎内表皮的观察：用镊子撕取洋葱鳞茎内表皮，在显微镜下观察，可看到细胞中原生质的运动。

⑥ 轻轻取下南瓜叶片表皮或茎部表皮，置于载玻片上，滴上清水后盖上盖玻片，于镜下进行镜检，可见原生质丝纵横交错地包在表面，原生质的运动可以其中小颗粒的位移作为指标。仔细观察原生质的运动方向及其通过胞间连丝穿流于细胞的情况。

⑦ 观察萌发的花粉管，可见原生质在花粉管中的环流现象。

2. 测定原生质运动的速度

可以原生质中某些颗粒的移动速度作指标来测定原生质的运动速度。但原生质颗粒大小不一，它的移动速度亦异，因此应尽量选用较小的颗粒，进行多次测定，求出平均值。

先将目镜测微尺装入目镜，将台尺（一小格相当于 0.1 mm 即 10 μm）置于载物台上，求出目镜测微尺每格相当于多长（mm 或 μm），移去台尺。将植物材料放在显微镜下用同一物镜观察。转动目镜，使其中的测微尺与原生质的流动方向平行，用秒表求出每走若干格（视植物材料而定）所需的时间，测 10～20 次求出平均值。

3. 呼吸抑制剂 DNP（2,4- 二硝基苯酚）对原生质运动的影响

原生质运动需要消耗能量，这要靠呼吸作用来提供。DNP 能抑制呼吸过程中磷酸化过程，因而也就抑制了原生质运动。

反复将 5×10^{-4} mol/L 的 DNP 滴加在载玻片的一端，在另一端用滤纸片吸引，10～20 min 后，可见原生质流动减缓甚至停止。

【实验结果】

1. 绘制几种植物细胞原生质运动的简图，并做简要说明。
2. 计算原生质运动的速度。

【思考题】

1. DNP 对原生质运动有何影响？为什么？
2. 原生质运动的动力是什么？
3. 常见的原生质运动方式有哪些？试描述各种方式运动的特点。

细胞骨架（cytoskeleton）是真核细胞中由蛋白质聚合成的三维纤维状网架结构，包括微管、微丝和中间纤维。细胞骨架在细胞分裂、细胞生长、细胞内物质运输、细胞壁合成等多种生命活动中都具有重要作用。

一、微丝的荧光标记

微丝是由肌动蛋白聚合成的直径为 7 nm 的丝状结构。研究微丝常用的方法有免疫荧光标记和鬼笔环肽（phalloidin，一种从毒蘑菇中提取的小肽，对微丝具有很高的亲和性）连接荧光标记物标记。

鬼笔环肽可以与不同的荧光标记物连接，选择哪一种荧光标记物应考虑鬼笔环肽标记微丝是否作为双标记的一部分。一般来说，罗丹明标记更能抵抗光致漂白，故可用于暴露时间较长的精细结构的研究。本实验用与四甲基异硫氰酸罗丹明连接的鬼笔环肽（TRITC-phalloidin）对花粉细胞中的微丝进行标记，TRITC 的最大吸收光波长为 550 nm，最大发射光波长为 620 nm，因此在绿色激发光下可观察到呈橙红色荧光的微丝骨架。

【实验材料】

百合花粉。

【实验设备】

荧光显微镜或共聚焦激光扫描显微镜，培养皿，镊子，载玻片，盖玻片，小离心管等。

【实验试剂】

1. 花粉萌发液：含 15% 蔗糖，0.01% KNO_3，0.02% $MgSO_4$，0.01% H_3BO_3，0.03% $Ca(NO_3)_2$，pH 5.6。

2. 50 mmol/L Pipes 缓冲液，pH 6.9。

3. 3.7% 多聚甲醛固定液（用 50 mmol/L Pipes 配制，现用现配）。

4. 0.1 mol/L 磷酸缓冲液（PBS），pH 7.4。

5. 0.1% Triton X-100（用 pH 7.4 PBS 配制）。

6. 0.1 μmol/L TRITC-phalloidin（用 pH 7.4 PBS 配制，内含 1% DMSO）。

7. 50% 甘油（用 PBS 配制，含 2% 的防荧光褪色剂 DABCO）。

8. 指甲油。

【实验步骤】

1. 将百合花粉在 4℃ 水合过夜，在花粉萌发液中 26℃ 黑暗摇床培养，转速 60 r/min。

2. 萌发 1.5 h 后，花粉管长约 100～200 μm，在小离心管中自发沉降，去培养液。

3. 用 3.7% 的多聚甲醛固定花粉管 2～3 h（25℃），固定的同时抽气 10 min。

4. 用 0.5% Triton X-100 溶液处理 15 min。

5. 用 PBS 洗涤 3 次，每次 5 min。

6. 在 0.1 μmol/L 的 TRITC- 鬼笔环肽溶液中标记 2 h。

7. 用 PBS 洗涤，用 50% 甘油装片，指甲油封片。

【实验结果】

用荧光显微镜或共聚焦激光扫描显微镜观察，激发光为绿光。可观察到明亮的微丝分布在花粉管中。照相记录实验结果。

二、微管的荧光标记

用抗微管蛋白的抗体（一抗）与植物细胞温育，该抗体将与细胞内微管特异结合，然后用荧光标记物标记的羊抗兔抗体（二抗）与一抗温育，在荧光显微镜或激光共聚焦扫描显微镜下即可看到细胞内伸展的微管网络。

【实验材料】

百合花粉。

【实验设备】

荧光显微镜或激光共聚焦扫描显微镜，恒温摇床，培养皿，镊子，载玻片，盖玻片，小离心管等。

【实验试剂】

1. 花粉萌发液：含 15% 蔗糖，0.01% KNO$_3$，0.02% MgSO$_4$，0.01% H$_3$BO$_3$，0.03% Ca(NO$_3$)$_2$，pH 5.6。

2. 50 mmol/L Pipes 缓冲液（pH 6.9）。

3. 3.7% 多聚甲醛（用 Pipes 溶液配制）。

4. 0.1 mol/L 磷酸缓冲液（PBS）pH 7.4。

5. PBS 配制的含 1% 纤维素酶和 1% 果胶酶的酶溶液。

6. PBS 配制的 0.5% Triton X-100。

7. 鼠抗微管蛋白抗体（一抗，抗 α-tubulin）。

8. FITC 连接的羊抗鼠 IgG（二抗）。

9. 50% 甘油（PBS 配制，含 2% 的防荧光褪色剂 DABCO）。

10. 指甲油。

【实验步骤】

1. 将百合花粉 4℃水合过夜，在花粉萌发液中 26℃黑暗摇床培养，转速 60 r/min。

2. 萌发 1.5 h 后，花粉管长约 100～200 μm，在小离心管中自发沉降。去培养液。

3. 在 3.7% 的甲醛溶液中固定花粉管 2～3 h，固定同时进行抽气 10 min。

4. 用 Pipes 缓冲液清洗三次，用 1% 的纤维素酶和 1% 果胶酶酶解 8 min，冲洗 3 次。

5. 0.5% 的 Triton X-100 处理 30 min，PBS 洗三次，每次 10 min。

6. 加 PBS 稀释的一抗（1∶100），37℃温育 2 h，PBS 洗三次，每次 10 min。

7. 加 PBS 稀释的二抗（1∶100），37℃温育 1 h，PBS 洗三次，每次 10 min。

8. 滴 50% 甘油，指甲油封片。

【实验结果】

用荧光显微镜或激光共聚焦扫描显微镜观察。激发光为蓝光，可观察到花粉管中绿色的微管骨架网络。照相记录实验结果。

实验五　植物活细胞中自由钙的检测

　　Ca^{2+}是植物体内广泛存在的离子信号分子或第二信使，其在植物细胞分化、有丝分裂、胞质环流、气孔运动调节等过程中具有重要作用，也是植物生长发育和环境胁迫应答过程中的关键调节因子。测定细胞内游离钙浓度在空间和时间上的变化，对于研究细胞信号转导非常重要，但在活细胞内 Ca^{2+} 不能直接被观察到。测定胞质中钙离子浓度的方法主要有小分子荧光探针法、水母发光蛋白法。小分子荧光探针是根据分子自由扩散现象使小分子探针跨过质膜进入细胞质，或通过显微注射方法进入细胞质，在细胞质内自发解离或在细胞质非特异性酯酶的作用下而变成阴离子形式，从而再与钙离子结合。与钙离子结合之后，探针的荧光特性发生变化，如荧光强度增强、吸收光或发射光波长发生迁移等。这种变化与其结合的钙离子多少，即细胞质自由钙离子浓度有一定关系，可以由公式计算出相应钙离子的浓度。目前应用的主要荧光探针及其激发与发射波长和解离常数（K_d）见表 5-1。

表 5-1　Ca^{2+}荧光探针的种类及激发波长与发射波长

探针种类	最大激发波长（nm）		最大发射波长（nm）		K_d（nmol/L）
	与 Ca^{2+}结合后	未结合	与 Ca^{2+}结合后	未结合	
fluo-3	506	506	526	526	450
calcium green-1	506	506	530	530	189
calcium green-2	506	506	530	530	574
calcium green-5N	506	506	530	530	3300
calcium orange	555	555	575	575	328
rhod-2	555	555	575	575	1000
calcium crimson	588	588	611	611	205
quin-2	339	339	492	492	114
indo-1	340	340	490	405	250
fura-2	340	380	512	505	224

　　表 5-1 中所介绍的荧光探针分为双波长荧光探针和单波长荧光探针。其中 indo-1 和 fura-2 为双波长荧光探针，其他探针为单波长荧光探针。对于单波长探针，如 fluo-3，与钙结合前后，其激发和发射波长不发生变化，因此，称之为单波长荧光探针。在测定样品时只测定其发射光荧光强度即可。双波长探针与钙离子结合后，其发射或激发波长发生迁移。如 indo-1，游离的与结合 Ca^{2+} 的两种状态的发射波长不同，即结合钙离子后，其发射波长发生迁移，所以有两个发射波长，故称之为双发射波长荧光探针。测定样品时，同时测定两个发射波长处的荧光强度，然后计算两者的比值（A_{405}/A_{490}）。对于有两个激发波长的探针，其与钙离子结合后，激发波长发生迁移，称之为双激发波长荧光探

针，如 fura-2。测定样品时，同时测定其在每个激发波长下的发射荧光强度，并计算其比值（A_{340}/A_{380}）。由于受细胞内黏度、荧光染料浓度分布不均匀等因素的影响，单波长探针不能用于胞质钙浓度（$[Ca^{2+}]_i$）的绝对定量，而只能用于反映钙浓度的时空变化。双波长探针可以用于 $[Ca^{2+}]_i$ 绝对定量，但一般都要求紫外激发系统，因此也限制它的应用。在用激光共聚焦扫描显微镜进行 $[Ca^{2+}]_i$ 检测时，更常用的是单波长探针。

每种探针有多种形式，包括自由酸形式、酯化形式及与大分子葡聚糖连接形式等。由于探针特性及形式不同，其装载细胞的具体方法也各不相同。酯化形式的染料（如 fura-2-AM）具有膜通透性，这些指示剂可通过与细胞孵育大量进入细胞内，细胞质酯酶将甲酯部分水解。但 AM 酯在细胞质中通常清除不完全，而沉积在细胞质中，这样会干扰准确定位。自由酸形式的指示剂不能扩散进入细胞，一般用显微注射法将指示剂直接注入细胞中。葡聚糖结合形式的荧光指示剂是近年来发展起来的荧光染料，通过将染料连接上大分子葡聚糖，克服了 AM 形式指示剂所产生的细胞内非特异分布问题，也克服了 AM 衍生物和自由酸形式指示剂所产生的细胞泄漏问题，可以保证染料留在靶细胞质或核内。应用葡聚糖结合形式的荧光指示剂一般也是通过显微注射技术。

水母发光蛋白法是利用从水母中分离的能与 Ca^{2+} 结合的水母荧光蛋白检测细胞内游离 Ca^{2+} 浓度的方法。水母发光蛋白 aequorin 与 Ca^{2+} 结合后能被激活发出蓝色荧光，在 $0.1 \sim 10$ μmol/L 浓度范围内，荧光强度与 Ca^{2+} 浓度呈正相关，因此可显示 Ca^{2+} 浓度的变化。由于水母发光蛋白分子量大，只能采用显微注射法才能导入细胞。随后研究者进一步发展了以水母绿色荧光蛋白（GFP）和钙调素 Calmodulin（CaM）为基础的 Ca^{2+} 荧光指示剂 "Cameleons"。Cameleons 可通过转基因方法在体内直接表达，从而可检测从整个生物体到组织、器官乃至细胞亚显微区室中钙浓度的变化。本实验以蚕豆保卫细胞、百合花粉管细胞和拟南芥子叶铺板细胞为例介绍测定细胞质钙浓度的具体方法。

一、气孔保卫细胞中游离钙浓度的测定

气孔是植物体与外界环境进行气体交换的门户。组成气孔的保卫细胞对光、湿度、CO_2、病原侵染、激素等多种刺激均能做出反应。众多刺激信号在保卫细胞的转导过程几乎都是以钙作为第二信使。保卫细胞在静息态时维持胞质内低钙离子浓度，而在受到刺激后胞质钙离子浓度则发生显著变化，激活细胞的进一步反应。

本实验利用温育法将钙荧光指示剂导入气孔保卫细胞，用激光共聚焦扫描显微镜直接检测其荧光强度值或荧光比值，然后通过标准浓度的钙溶液进行校正，确定静息状态下及 ABA 处理后保卫细胞的胞质钙离子浓度，从而初步认识胞质钙离子浓度的变化在保卫细胞对激素刺激的反应中的作用。

【实验材料】
蚕豆叶片表皮条。

【实验设备】
激光共聚焦扫描显微镜，恒温摇床，培养皿，镊子，载玻片，盖玻片等。

【实验试剂】
1. fluo-3 AM 溶于 DMSO，使浓度为 1 mmol/L，于 −20℃ 保存。使用时再用 10 mmol/L

MES（pH 6.1）稀释 100 倍。

2. 表皮条缓冲液：30 mmol/L KCl，10 mmol/L MES/Tris，pH 6.1。

3. 10 μmol/L ABA 溶液，用表皮条缓冲液配制。

4. 钙校正试剂盒（Molecular Probe，Inc.）

【实验步骤】

1. 荧光染料导入：用孵育法导入荧光染料。选取生长良好的 3～4 周龄蚕豆幼苗顶端刚展开的叶片，撕取下表皮，置于 20 μmol/L fluo-3AM 中，在 4℃黑暗孵育 2 h 左右，用缓冲液冲洗 3～5 次。

2. 荧光强度的测定：装载好荧光指示剂的材料置于显微镜下观察，荧光下找到视野，用激光共聚焦扫描显微镜扫描，在激发波长为 488 nm、发射波长为 535 nm 的条件下，测定发射光荧光强度（F），并拍摄相应的荧光图像。

3. ABA 处理：加入 10 μmol/L ABA 溶液，不同时间间隔记录保卫细胞荧光强度的变化及气孔孔径的变化。

4. 校正：使用钙校正试剂盒进行钙浓度的校正。

【实验结果】

根据公式计算细胞质中自由钙离子水平

$$[Ca^{2+}]_i = K_d (F - F_{min}) / (F_{max} - F)$$

式中，K_d 为荧光探针与钙离子结合的解离常数；F 为测定样品得到的荧光强度值；F_{min} 和 F_{max} 分别为在无钙和饱和钙情况下测得的荧光强度值。

钙浓度高低也可用荧光强度直观表示。将荧光图像转化为伪彩图像，一般以红色表示高钙浓度，蓝色表示低钙浓度。

二、植物花粉管细胞质中游离钙浓度的测定

花粉管的生长涉及钙的信号转导。花粉管顶端保有稳定的细胞质钙浓度梯度，这个钙浓度梯度是花粉管生长的基础。将笼化的 Ca^{2+}（Caged Ca^{2+}）释放到花粉管不同的区域，证明花粉管顶端的 $[Ca^{2+}]_i$ 控制花粉管生长的方向。本实验通过显微注射法注射钙荧光指示剂进入花粉管，认识花粉管顶端钙浓度梯度存在及其与花粉管生长的关系。

【实验材料】

百合花粉。

【实验设备】

显微注射系统，激光扫描共聚焦显微镜，恒温摇床，镊子，载玻片，盖玻片等。

【实验试剂】

1. 花粉萌发培养液：含 15% 蔗糖，0.01% KNO₃，0.02% MgSO₄，0.01% H₃BO₃，0.03% Ca(NO₃)₂，pH5.6。

2. 含 2% 琼脂糖花粉培养基：在上述培养液中加入 2% 琼脂糖，加热溶解。

3. 100 mmol/L 钙绿 -1 葡聚糖连接物（分子质量 10 kDa），用 10 mmol/L MES 缓冲液（pH 6.1）配制。

4. 钙校正试剂盒（Molecular Probe，Inc.）

【实验步骤】

1. 收集百合花粉，4℃水合过夜，在花粉萌发液中 26℃黑暗摇床培养，转速 60 r/min。萌发 1 h。在载玻片上滴一滴含 2% 琼脂糖的花粉培养基，将花粉转移到培养液滴中，将载玻片上的液滴和花粉混合物均匀地散成一薄层，迅速置于 4℃冰箱 30 s，使花粉管固定在琼脂层中，用液体培养基覆盖，25℃培养。至花粉管长到 300～400 μm 用于实验。

2. 钙指示剂装载：通过显微注射法进行，使用 Narishige NT-88 显微注射系统。注射玻璃针用 1 mm 直径的玻璃管在 Narishige 拉针仪上拉制。在倒置显微镜下，采用压力注射法将钙指示剂钙绿 -1 葡聚糖连接物注射到花粉管内，选择注射后花粉管原生质环流正常、恢复生长的花粉管进行检测。

3. 检测：装载好荧光指示剂的材料置显微镜下观察，荧光下找到视野，用激光共聚焦显微镜扫描，激发波长为 488 nm，发射波长为 525 nm，收集荧光图像，测定距花粉管顶端不同距离的发射光荧光强度（F），间隔 20 μm。做 3～5 个平行样，计算荧光强度平均值。

4. 钙水平的校正：使用钙校正试剂盒进行钙浓度的校正。

【实验结果】

根据公式计算细胞质中自由钙离子水平。

$$[Ca^{2+}]_i = K_d (F - F_{min}) / (F_{max} - F)$$

式中，K_d 为荧光探针与钙离子结合的解离常数；F 为测定样品得到的荧光比值；F_{min} 和 F_{max} 分别为在无钙和饱和钙情况下测得的荧光强度值。

用伪彩图像直观表示细胞各部分钙浓度的高低，红色表示高钙浓度，蓝色表示低钙浓度。

三、拟南芥子叶铺板细胞中钙离子浓度的测定

Yellow Cameleon3.6（YC3.6）是一种黄色嵌合蛋白类的依赖于荧光共振能量转移的 Ca^{2+} 荧光指示剂。其组成部分包括：青色荧光蛋白（CFP）、钙调素（CaM）、甘氨酰甘氨酸连接因子、CaM 结合多肽 M13 和黄色荧光蛋白（YFP）。一般条件下，静息状态时的 CFP 和 YFP 空间位置较远，可分别被激活；当 Ca^{2+} 浓度受外界刺激升高时，CaM 因与 Ca^{2+} 结合而被活化，进而与 M13 形成复合物，CFP 与 YFP 在空间位置上相互靠近。当供体蛋白 CFP 被激发时，其发射光进一步激发 YFP 产生荧光共振能量转移（FRET），据此可以根据荧光比值法计算 Ca^{2+} 浓度变化。YC3.6 指示剂容易成像，同时也能进行亚细胞定位。本实验以转基因拟南芥植株 YC3.6 为实验材料，观测拟南芥子叶叶片铺板细胞中 Ca^{2+} 的浓度。

【实验材料】

长日照条件下（16 h 光 /8 h 暗）在 1/2 MS 培养基上生长 7 d 左右带有 Cameleon YC3.6 的拟南芥转基因植物幼苗。

【实验设备】

小剪刀，小镊子，盖玻片，钙成像专用载玻片，激光扫描共聚焦显微镜，蠕动泵等。

【实验试剂】

1. 1/2 MS 液体培养基：固体 MS 培养基粉末 1.12 g，蔗糖 50 g，用 ddH₂O 定容至 1 L，

1 mol/L KOH 调 pH 至 5.8。

2. 用 1/2 MS 液体培养基配制的含 1 mol/L $CaCl_2$ 的溶液。

3. 用 1/2 MS 液体培养基配制的含 50 mmol/L EGTA 和 Tris-EDTA（10 mmol/L Tris，1 mmol EDTA）的溶液。

【实验步骤】

1. 将生长 7 d 的 YC3.6 幼苗子叶小心地水平铺在钙成像专用载玻片内，轻轻盖上盖玻片，将其固定住。

2. 轻柔地加入 1/2 MS 液体培养基，将 YC3.6 幼苗的子叶完全浸泡在培养基中，平衡 1 h 以上。

3. 将培养皿正置放在激光扫描共聚焦显微镜下，使用波长为 458 nm 的激发光，分别在 465～484 nm 以及 526～548 nm 的波长范围内收集 CFP 和 FRET（YFP）的信号。

4. 选取拟南芥子叶组织的表皮细胞为观察对象，先收集 90 s 左右的未处理或对照信号，每隔 3 s 扫描一次，共 30 次，即收集 90 s 左右的未处理的钙信号图像。

5. 打开蠕动泵阀门，向钙成像专用载玻片中缓慢加入含有 1 mol//L $CaCl_2$ 或者 50 mmol/L EGTA 和 Tris -EDTA 的 1/2 液体 MS 培养基处理表皮细胞，同时继续收集处理后的钙信号图像；观察 3～5 min 直至信号回到平衡位置为止。

6. 利用 Image J 软件对不同发射光荧光值进行统计，R_{max} 为 1 mol/L $CaCl_2$ 处理后的子叶表皮细胞 FRET/CFP 的值，R_{min} 为 50 mmol/L EGTA 和 Tris-EDTA 处理后的子叶表皮细胞 FRET/CFP 的值。根据 FRET 和 CFP 的信号，计算 FRET/CFP 的值，该比值可以直接反映胞内钙离子浓度。

【实验结果】

利用公式 $[Ca^{2+}]_i = K_d \{R - [R_{min} + 14/100 \times (R_{max} - R_{min})]/(R_{max} - R)\}(1/n)$ 计算子叶铺板细胞 Ca^{2+} 浓度。

其中 YC3.6 的常数 $K_d = 2.5 \times 10^{-7}$ mol//L，$n = 1.7$。

【思考题】

1. Ca^{2+} 浓度变化在植物逆境应答中的作用是什么？

2. 测定胞质游离钙浓度有哪些方法？其原理各是什么？

植物细胞内的 pH 及其变化与植物体内许多生理过程密切相关。改变植物细胞内外的 pH，不仅能影响细胞的生长、气孔的开闭等生理过程，而且细胞质 pH（pH_i）可作为胞内第二信使参与多种信号转导途径，并与其他信号途径发生交叉。细胞质 pH 的测定具有重要意义。pH 荧光指示剂以其灵敏度高、无伤害性等特点得到广泛的应用。

BCECF［2′,7′-bis-（2-carboxyethyl）-5-（and-6）-carboxyfluorescein，2′,7′-二-（2-羧甲基）-5（-6）-羧基荧光素］是一种常用的检测细胞内 pH 的荧光探针。BCECF 具有以下优点：① BCECF 的 pKa 为 7.0，与胞内的正常 pH（6.8~7.4）相符合；② BCECF 的荧光激发特性是 pH 依赖型的；③ BCECF 碱性形式的最大吸收接近 488 nm 氩离子激光光谱（argon-ion laser line），使它特别适宜应用于流式细胞仪（flow cytometer）和激光扫描共聚焦显微技术；④ BCECF 的乙酸甲酯衍生物（BCECF-AM）具有膜可透性，易于无损伤地进行细胞的负载；⑤当 pH7~8 时 BCECF 带有 4 或 5 个负电荷，提高了它在胞内滞留能力。BCECF 也可用于双波长激发荧光指示剂，可进行两波长处荧光强度的比率分析，因而可避免因指示剂浓度不同、样品厚度不均一、指示剂分布不均匀、指示剂渗出或光漂白等产生的不良影响。

本实验所使用的 BCECF-AM 是乙酰甲酯化的 BCECF，本身无荧光，它可以很容易地穿透细胞膜进入细胞内，在胞内酯酶的作用下转化成具有荧光 BCECF 形式。BCECF 的荧光强度依赖于细胞内 pH 值的大小，因而可以显示细胞内 pH。BCECF 也可以进入液泡，显示液泡 pH。

【实验材料】
蚕豆叶片表皮。

【实验设备】
激光共聚焦扫描显微镜，培养皿，镊子，载玻片，盖玻片。

【实验试剂】
表皮条缓冲液：含 10 mmol/L MES/KOH，50 mmol/L KCl，pH 6.1。

BCECF-AM 溶液：取 BCECF-AM 用少量无水二甲基亚砜溶解，用表皮条缓冲液稀释为 20 μmol/L BCECF-AM 溶液。

【实验步骤与结果】
1. BCECF-AM 孵育：选生长良好的 3 周龄蚕豆植株，撕取最上一对完全展开叶下表皮置于 20 μmol/L BCECF-AM 溶液中，室温避光孵育 2 h 左右，取出后用表皮条缓冲液冲洗多次以除去吸附的染料。

2. 激光共聚焦扫描显微镜镜检和图像记录：将冲洗好的表皮条置于载玻片上，盖好盖玻片，置于显微镜下观察，用 488 nm 波长光激发，经激光共聚焦扫描显微镜发射光通过 515 nm 的滤光片后被光电倍增管收集，荧光染料在细胞中的静态分布图像在相应的软件下获得并进行处理。荧光强度随时间变化的图像和数据在 time-course 面板下获得，每

3 秒扫描一次，每扫描 20 张记录一张图像。细胞中荧光强度变化的计算和比较要在记录过程中细胞保持不动的前提下进行。在测量的区域外设立背景对照，在实验起始与结束时的荧光强度基本无变化，表明光漂白和染料的泄漏在实验进行中对实验没有明显的影响。所得图像用 Leica Image Software 和 Photoshop 进行分析。

设计不同的处理，再测定气孔保卫细胞胞质 pH。

【思考题】

1．分析比较不同处理下保卫细胞胞质 pH 的变化。

2．比较花粉管的 pH 变化和上次实验中测定的 Ca^{2+} 梯度，并加以讨论分析。

扫一扫看视频

植物组织的水分状况可用水势表示。植物组织水势的大小在一定程度上能反映出植物对水分的需求。农业生产中可通过测定植物组织水势指导合理灌溉。

当植物组织浸入不同浓度的溶液中时，组织中的细胞和溶液间进行水分交换，溶液浓度发生变化，而浓度的改变引起密度的改变。因此，当把浸过植物组织的溶液滴回原来相应的溶液中时，液滴因密度的改变会分别发生上浮、下沉或不动的情况，液滴不动表示浸过组织后的溶液浓度或密度未变，此时溶液的溶质势即等于组织的水势。

【实验材料】

盆栽小麦苗。

【实验设备】

10 mL 具塞刻度试管，10 mL 指形试管，毛细滴管，剪刀等。

【实验试剂】

1 mol/L $CaCl_2$ 溶液，0.5% 亚甲基蓝溶液。

【实验步骤】

1. 将 14 支试管摆放成两排，在 10 mL 具塞刻度试管中，分别配制不同浓度的 $CaCl_2$ 溶液各 10 mL（见表 7-1），这一组为对照组，然后依次用移液器取 1 mL 相应浓度的 $CaCl_2$ 溶液到另一组指形试管中，这一组称为实验组（注意对照组和实验组试管的编号要一一对应！）。

2. 用剪刀取 10 株小麦，摘取每株小麦的等位叶片各 1 片，每 5 片头尾相叠，取中间部位剪成 7 段，每段长 0.5 cm，分别放入实验组的 7 支试管中，30 min 内摇动试管 3～4 次。30 min 后用移液器吸取 0.5% 亚甲基蓝溶液 5 μL，放入实验组的各试管中摇匀，呈蓝色。用毛细管吸取少量蓝色溶液，轻轻插入到对照组对应的试管中央部位，缓慢滴出一滴蓝色溶液，仔细观察液滴在溶液中是上升、下降还是不动。在短时间内，蓝色液滴不动的这个溶液的渗透势或者是两个溶液（一个缓慢上升和相邻一个缓慢下降的溶液）的渗透势平均值即为植物组织的水势。

【实验结果】

将蓝色液滴运动方向记录在表 7-1 中，以液滴不动时的 $CaCl_2$ 溶液浓度按公式计算植物组织水势。

表 7-1　小液流法测定植物组织的水势记录表

溶液浓度（mol/L）	1 mol/L $CaCl_2$（mL）	蒸馏水（mL）	液滴移动方向
0.40	4.0	6.0	
0.35	3.5	6.5	
0.30	3.0	7.0	

续表

溶液浓度（mol/L）	1 mol/L CaCl$_2$（mL）	蒸馏水（mL）	液滴移动方向
0.25	2.5	7.5	
0.20	2.0	8.0	
0.15	1.5	8.5	
0.10	1.0	9.0	

以↑表示上浮，↓表示下降，↕表示不动。

植物组织水势 $\psi_w = -iCRT$

式中，ψ_w——水势（MPa）；

R——气体常数，R＝0.0083 MPa·L/（mol·K）；

T——热力学温度（K），T＝273＋t，t 为实验时的室温（℃）；

C——液滴不动的溶液浓度（mol/L）；

i——范特霍夫校正系数（CaCl$_2$ i＝2.6）。

【思考题】

1．测定植物水势有何实际意义？

2．用小液流法测植物组织的水势有什么优缺点？

实验八　　渗透势测定仪测定植物组织的渗透势

扫一扫看视频

溶液的冰点下降是溶液的依数性之一，即在一定的浓度范围内，溶液的冰点下降仅与溶质的颗粒数（或浓度）有关，而与溶质的种类无关。一般规定纯水的冰点在 1 atm（1 atm＝$1.01×10^5$ Pa）下为 0℃，任何水溶液的冰点则都低于 0℃。如果测得水溶液的冰点下降为 ΔT（℃），则溶液的浓度为 $\Delta T/K_f$，其中 K_f＝1.86℃ kg/mol。因此可以通过测量溶液的冰点来计算溶液的渗透浓度进而计算出溶液的渗透势。

Fiske 110 型冰点渗透势测定仪（图 8-1，图 8-2），就是通过测定溶液的冰点来确定溶液的渗透浓度的仪器，该仪器可用来测定各种水溶液的渗透浓度，包括从植物组织得到的汁液的渗透浓度。

样品测定室　　　测定按钮　校对按钮

图 8-1　冰点渗透势测定仪（Fiske 110）

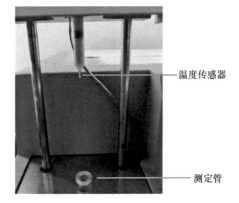

温度传感器

测定管

图 8-2　温度传感器及测定管

仪器通过冷阱对塑料测定管中的待测溶液降温使之结冰，温度的变化则由插入待测溶液的温度传感器来监测（图 8-2）并转换成电信号，通过仪器内置的电脑分析，获得待测溶液的结冰点同时计算出待测液的渗透浓度 M，单位为 mOsm，即 mmol/kg。根据渗透浓度可计算出溶液的渗透势。

【实验材料】

小麦。

【实验设备】

Fiske 110（或 210）型冰点渗透势测定仪，冰箱，台式离心机，2 mL 离心管，过滤小管，测定小管，剪刀，50 mL 烧杯，封口膜等。

【实验步骤】

1. 取小麦 4 株，每株取 1 片同位叶片，剪成 5 mm 左右的小段，将叶段装入过滤小管中，再将过滤小管置于 2 mL 的离心管中，盖好盖子，用封口膜封好后做上标记，放入−20℃冰箱处理 3 h。

2. 材料取出后在常温下解冻 20 min。

3. 将上述 2 mL 离心管进行离心，4000 r/min，5 min，叶片汁液被收集在离心管底。

4. 用移液器取叶片的汁液 20 μL，注入到测定管底部，注意不能有气泡。

5. 把测定管小心地放在测定位置，合上测定盖。

6. 启动测定按钮，待仪器发出提示音后，记录待测溶液的渗透浓度 M（mOsm）。

7. 用蒸馏水清洗温度传感器的探头并用滤纸擦净。

【实验结果】

根据范特霍夫（Van't Hoff）方程式计算渗透势（MPa）：

$$\psi_s = -CRT = -MRT \cdot 10^{-3}$$

式中，T——热力学温度（K），$T = 273 + t$，t 为实验时的室温（℃）；

R——气体常数，R=0.0083 MPa·L/（mol·K）；

C——体积摩尔浓度（mol/L）；

M——质量摩尔浓度，常温下体积摩尔浓度与质量摩尔浓度十分接近，可将仪器的读数 M（mOsm，即 mmol/kg）乘以 10^{-3}，代替公式中的 C 来计算溶液的渗透势。

【思考题】

如何理解植物细胞的渗透势？它对水分进出细胞有何影响？

实验九　细胞质壁分离法测定植物组织的渗透势

将植物组织放入一系列浓度递增的蔗糖或甘露醇溶液中，经过一定的时间达到渗透平衡，其中使细胞发生临界质壁分离的溶液的渗透势即等于细胞液的渗透势。此溶液称为等渗溶液，其浓度称为等渗浓度。实际测定时，根据引起临界质壁分离的溶液浓度与相邻的不引起质壁分离的溶液浓度的平均值，求出等渗浓度，并计算出此溶液的渗透势，即为细胞的渗透势。

【实验材料】
洋葱鳞茎，紫鸭跖草叶片。

【实验设备】
显微镜，刀片，直径 3.5 cm 培养皿，镊子，载玻片，盖玻片等。

【实验试剂】
1 mol/L 蔗糖溶液或甘露醇溶液。

【实验步骤】
1. 取干燥洁净的培养皿 9 套，编号。以 1.00 mol/L 的蔗糖溶液为母液，用蒸馏水稀释成 0.20 mol/L、0.25 mol/L、0.30 mol/L、0.35 mol/L、0.40 mol/L、0.45 mol/L、0.50 mol/L、0.55 mol/L、0.60 mol/L 溶液各 2 mL，摇匀后备用。

2. 用刀片在洋葱鳞茎内表皮上划出边长为 2～5 mm 的小方格，用镊子剥取表皮。注意撕下的表皮的厚度要适当。

3. 自高浓度的溶液开始，每隔一定时间（如 3 min），依次向浓度递减的蔗糖溶液中放入 4～5 片表皮块（表皮撕下立即投入溶液中），使表皮完全浸入溶液，同时记录室温。20～30 min 后，从最高浓度的蔗糖溶液开始，按原来放入的顺序取出表皮，在载玻片上滴 1～2 滴相应浓度的蔗糖溶液，放显微镜下观察几个视野，记录并计算质壁分离的情况。找出引起 50% 左右的细胞原生质刚刚从细胞壁的角隅处与细胞壁分离的蔗糖溶液浓度，以及不足 50% 的细胞发生质壁分离或不产生质壁分离的蔗糖溶液的最高浓度。

【实验结果】
根据下式计算植物细胞的渗透势：

$$\psi_s = -iCRT$$

式中，ψ_s 为细胞的渗透势（以 MPa 表示）；i 为溶液范特霍夫校正系数（蔗糖溶液 $i=1$）；C 为与细胞液等渗的外液蔗糖浓度，即上面算出的两溶液浓度的平均值；T 为绝对温度，$T=273+t$，t 为实验时的室温（℃）；R 为气体常数，R=0.0083 MPa·L/(mol·K)。

【思考题】
什么是植物细胞的渗透势，它在细胞与周围环境的水分平衡中起什么作用？

实验十 压力室法测定植物组织的压力势

扫一扫看视频

植物叶片通过蒸腾作用不断地向周围环境散失水分。由于导管中的水分通过蒸腾拉力、内聚力的作用而形成连续的水柱，因此，蒸腾过程中导管承受着一定的张力或负压。当叶片或枝条被切断时，木质部导管中的液流会因张力解除迅速缩回木质部。如果此时将幼嫩的断枝条装入压力室钢筒，枝条切口朝外，逐渐加压，直到导管中的液流恰好在切口处出现，此时所施加的压力正好是完整植株导管中的原始张力。所施加的压力，也称为平衡压力。根据水势公式：$\psi_w = \psi_p + \psi_s$，由于导管内汁液的溶质浓度较低 ψ_s 近于零，因此导管水势 $\psi_w \approx \psi_p$，从而可以方便测定植物的水势。

【实验材料】

带有一部分圆茎的植物材料。

【实验设备】

压力仪（Model 600），氮气瓶。

【实验步骤】

1. 了解并安装压力仪，同时将植物枝条装在样品孔中，固定好枝条和样品器。

2. 连接压力仪与氮气瓶。

3. 测量时，先将小钢瓶上的开关打开（逆时针），观察压力表中的数字达到 100 bar（1 bar＝10^5 Pa），维持该压力。

4. 打开主机上的控制开关，要非常慢，将开关的箭头指向"CHAMBER"的"B"位置，速度正合适，在加压过程中仔细观察样品切口有无湿润发亮。

5. 出现湿润后，把主机的控制阀旋至"OFF"状态，再观察主机左侧压力表中箭头所指的红色数字，即为该组织的压力势，单位为 MPa。

6. 测定样品的压力完毕，将控制开关旋至"OFF"的位置。

如果还有样品需要继续测量，则将控制开关旋至"EXHAUST"，此时可听到"嘶嘶"的声音，直至左侧的压力回零，表明样品室内的气体放尽。再重复加样品的步骤进行测量即可。

如果所有样品已测量完毕，除了需要将样品室内的气体放尽，还需要放尽管路中的气体。即在控制开关处于"OFF"状态下，关上钢瓶开关（顺时针），打开管路放气阀，"嘶嘶"声消失后表明管路中的气体已经放尽。

7. 该仪器使用完毕，并按规定放尽样品室和管路中的气体，可先将管路卸下，再将样品取走，原样安装好样品器，锁好盒子，在仪器记录本上登记相关信息后方可离开。

【实验结果】

记录不同处理下植物组织材料的水势，比较水势的差异。

【思考题】

与其他方法比较，压力室法测定植物组织水势有何优缺点？

植物伤流液的成分分析

　　植物根系不仅是吸收水分和矿质元素的重要器官，而且还是重要的合成器官，植物吸收的无机盐，有一部分即在根中进行初级同化，转变为有机物并向地上部运输。

　　当植物地上部被切去时，从伤口处就会有液体流出，这种现象称为伤流，所流出的汁液称为伤流液。伤流反映了根系的活动情况，测定伤流液中各种营养成分的种类和数量，可以评价根的吸收能力和合成能力。本实验通过点滴分析鉴定伤流液的几种成分。

　　【实验材料】
　　玉米苗或丝瓜苗。

　　【实验设备】
　　恒温培养箱，弯曲玻璃管（内径 3～4 mm、弯曲角度 45°），乳胶管，大试管，刀片，烧杯，白瓷板，滴管等。

　　【实验试剂】
　　1. 二苯胺试剂：二苯胺 0.05 g，溶于 5.4 mL 浓硫酸中。
　　2. 0.5% 联苯胺：联苯胺 0.5 g，溶于 100 mL 50% 乙醇中。注：联苯胺先用少量乙酸溶解。
　　3. 5% 钼酸铵溶液：钼酸铵 5 g，溶于 100 mL 蒸馏水中。
　　4. 0.1% 茚三酮试剂：茚三酮 0.1 g，溶于 100 mL 95% 乙醇中。
　　5. 0.1% 蒽酮试剂：蒽酮 0.1 g，溶于 100 mL 浓硫酸中。
　　6. 饱和乙酸钠溶液。
　　7. 固体亚硝酸钴钠。

　　【实验步骤】
　　1. 收集伤流液
　　（1）将乳胶管的一端紧套在玻璃管的短头，以防漏水。玻璃管的另一端接一试管用于收集伤流液。
　　（2）挑选健壮待测植株，在距地面 3 cm 处切去地上部分，将乳胶管的另一端套在植物的断茎上，以防漏气。将试管位置放得稍低于地面，在植物根际浇足水，第二天伤流液自动流入试管中，就可收取伤流液。

　　2. 点滴分析
　　（1）硝态氮
　　在 NO_3^- 存在时，二苯胺被硝酸氧化而显深蓝色。
　　取一滴伤流液在白瓷板上，加一滴二苯胺试剂，呈蓝色。

二苯胺（无色）　　　　　　　　　　　　　缩二苯胺氧化物（蓝色）

（2）无机磷

钼酸铵 $[(NH_4)_2MoO_4]$ 遇磷酸盐生成磷钼酸铵，它的氧化能力极强，可氧化钼酸或钼酸盐难以氧化的联苯胺生成联苯胺蓝和钼蓝两种物质。

取一滴伤流液于白瓷板上，加一滴钼酸铵溶液，加热干燥后再加一滴联苯胺溶液和一滴乙酸钠饱和溶液，如有磷存在，就呈现蓝色。

（3）钾离子

中性或微碱性的钾盐溶液加入亚硝酸钴钠生成黄色晶状沉淀亚硝酸钴钠钾。

$$Na_3Co(NO_2)_6 + 2K^+ \longrightarrow K_2Na[Co(NO_2)_6] \downarrow + 2Na^+$$

铵盐能干扰这个反应。

取一滴伤流液于白瓷板上，放在 70℃ 烘箱中片刻，使 NH_3 逸出，再加少许固体亚硝酸钴钠有黄色浑浊出现，指示钾的存在。

（4）氨基酸

凡含有自由氨基的化合物，与水合茚三酮共热时，能产生紫色化合物。

取一滴伤流液于白瓷板上，加一滴茚三酮溶液，置于 70～80℃ 恒温箱中，5～10 min 后取出观察颜色，红紫色出现指示氨基酸存在。

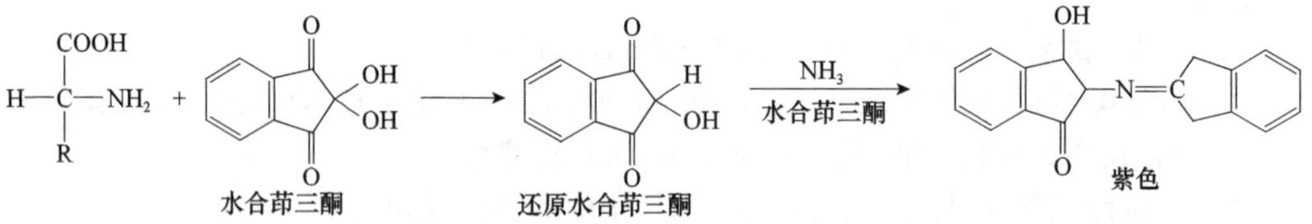

（5）可溶性糖

蒽酮与糖反应显蓝紫色。

取一滴伤流液于白瓷板上，加 2～3 滴蒽酮试剂，放入 70～80℃ 恒温箱中，5～10 min 后取出观察，蓝紫色出现则指示糖的存在，颜色深浅与糖的含量一致。

【思考题】

1．伤流是怎样产生的?

2．伤流液成分分析结果说明了什么?

实验十二 光、钾离子与 ABA 对气孔运动的调节

扫一扫看视频

气孔是陆生植物与外界环境水分与气体交换的主要通道。气孔在叶片上的分布、密度、形状、大小，以及开闭状况都可显著影响光合、蒸腾等生理过程。在研究化学物质或外界因子对气孔运动的影响时，经常需要在显微镜下观察或测量气孔开闭的程度。

组成气孔的保卫细胞对光、温度、湿度、CO_2 等环境因子，以及一些植物激素非常敏感。保卫细胞接收信号后，经过胞内信号转导，保卫细胞内的渗透势发生变化引起保卫细胞吸水或失水，使气孔开放或关闭。K^+ 是调节保卫细胞渗透势的重要离子，在光下，光合磷酸化形成 ATP，同时光也激活了保卫细胞质膜上的 H^+ 泵（H^+-ATPase），H^+ 泵水解 ATP 释放能量，将 H^+ 分泌到细胞壁，内向 K^+ 离子通道开放，胞外的 K^+ 进入保卫细胞，降低了保卫细胞的水势，保卫细胞从邻近的细胞吸水，膨压增大，气孔张开。

ABA 是一类逆境激素，外施 ABA 可诱导气孔关闭，抑制气孔张开。

【实验材料】
3～4 周龄蚕豆苗展开叶片。

【实验设备】
显微镜，显微测微尺，光照培养箱，盖玻片，载玻片，刀片，玻璃板，镊子，直径 3.5 cm 培养皿等。

【实验试剂】
500 mmol/L KCl，10^{-3} mol/L ABA，10 mmol/L Tris-HCl 缓冲液（pH 6.1）。

【实验步骤】
1. K^+ 对气孔开度的调节：在培养皿中用 pH6.1 的 10 mmol/L Tris-HCl 缓冲液配制 0、50 mmol/L、250 mmol/L 的 KCl 溶液各 2 mL。撕取蚕豆叶下表皮，切成 2～3 mm^2 的小块分别放入上述培养皿中，每个培养皿中 4～5 片。置于 25℃光照培养箱中照光 1.5 h。

2. ABA 对气孔开度的调节：用 Tris-HCl 缓冲液配制 0、10^{-4} mmol/L、10^{-5} mmol/L 的 ABA 溶液各 2 mL。蚕豆叶下表皮撕取及处理同上。

3. 光对气孔开度的调节：取 2 个培养皿，各加入 2 mL Tris-HCl 缓冲液，放入蚕豆叶表皮 4～5 片，一个避光 1.5 h，另一个光照 1.5 h。

4. 分别取出不同处理的表皮放在载玻片上，滴加相应培养皿中的溶液，加盖玻片，在显微镜下观察气孔的开度，选择至少 10 个有代表性的气孔，用测微尺测量气孔孔径。

【实验结果】
1. 分别计算各处理气孔孔径的平均值和标准误差，制作柱状图显示。
2. 比较不同处理蚕豆叶下表皮气孔张开的情况，说明原因。

【思考题】
光、K^+ 和 ABA 如何调控气孔的运动？

扫一扫看视频

气孔是植物叶片与外界进行气体交换的主要通道，通过气孔扩散的气体主要有 CO_2 和水蒸气。植物进行光合作用时，要通过气孔吸收 CO_2，气孔必须张开，但气孔张开的同时又不可避免地发生蒸腾作用。因此气孔往往是根据环境条件的变化来调节其开度的大小，使植物在损失水分较少的条件下获取更多的 CO_2。气孔的开度可以通过气孔导度 g_s（stomatal conductance）这一参数来描述。气孔导度是指 CO_2 气体、水蒸气通过气孔进出植物叶片的速率，反映气孔对水蒸气、CO_2 的传导能力，其单位为 mmol/（$m^2 \cdot s$）。气孔阻力 R_s（stomatal resistance）也可以间接反映气孔的开度。在多数情况下采用气孔导度作为指标，因为它直接与蒸腾作用成正比，与气孔阻力成反比。

植物通过叶面气孔进行的蒸腾作用受多种因素影响，对光、相对湿度（RH）、CO_2、病原菌等外界环境都很敏感。利用气孔计可以活体测定植物气孔导度或气孔阻力，从而研究不同环境条件下气孔开闭的程度。

气孔计使用一个小叶室测量叶片由于蒸腾失水而使小叶室中 RH 发生变化达到一个特定值所需要的时间，将此时间参数代入理论算法公式即可计算出相应的气孔导度或气孔阻力。

【实验材料】

$3 \sim 4$ 周龄蚕豆幼苗。

【实验设备】

AP4 型气孔计，校正盘，滤纸条，吸水纸，宽胶带，剪刀，塑料密封袋。

【实验试剂】

200 mmol/L NaCl。

【实验步骤】

1. 植物材料处理：准备 4 盆蚕豆植株。第一盆植株正常培养作为对照，第二盆植株置于黑暗中处理 4 h，第三盆植株干旱处理 1 周，第四盆植株浇盐水（200 mmol/L NaCl）处理 2 d。

2. 校正盘的制作：先将滤纸条放在吸水纸上，用蒸馏水将滤纸完全湿润。用吸水纸吸去多余的蒸馏水，再用干燥的吸水纸包住滤纸，继续吸水。完成吸水以后，将滤纸置于校正盘背面，要求能完全覆盖 6 组校正孔。用宽胶带将湿润过的滤纸条封住，同时用剪刀沿校正盘边缘将胶带剪断。通过轻轻地按压，排出被封住的空气。完成后，将校正盘放在塑料密封袋中，放置 1 h 后方可使用。

3. 气孔计组装和开机：打开背包拉链，取出探测头。观察干燥管，如果干燥剂由琥珀色变成无色则需更换干燥剂。将探测头尾部两个插头分别插在底座上的 HEAD 插孔和干燥剂插孔上。按下显示屏下方的 "ON"。

4. 仪器校正：打开气孔计，选择 CALIBRATE 项，按下 GO 键，接着按下 SET 键，进入设置菜单，设置 RH 接近于周围环境的 RH。按下 EXIT 键，返回校正界面。按照提示在正确的校正孔位置插入制作好的校正盘，按"GO"开始测量。等待读数稳定，按"GO"接受测量值。更换校正孔位置继续测量，直到完成 6 个孔的测量。选择"CURVE FIT"，会显示曲率误差。如果误差小于 10% 选择 INSTALL，将新的校正设置保存在机器里。如果误差超过 10%，选择 REDO，将新测量值与原有值误差较大的点再做一次。然后再进行 CURVE FIT 操作，直到误差值小于 10%。

5. 叶片气孔导度测定：在主菜单下选择 READ，进入 INSERT LEAF 执行屏。打开测量探头，摇晃探头，平衡 RH 与温度。插入植物叶片夹住，按"GO"开始测量。待读数稳定后，记录数值。分别测量处理和对照蚕豆叶片的气孔导度，至少测量 3 个叶片的气孔导度数值。

【实验结果】

根据测定的气孔导度，计算每种处理气孔导度的平均值和标准误差，制作柱状图显示。

【思考题】

结合气孔运动调控理论，分析各种处理条件下气孔导度变化的原因。

实验十四 双电极电压钳技术测定钾离子通道的活性

扫一扫看视频

离子和离子通道是细胞兴奋的基础，也是产生生物电信号的基础。双电极电压钳技术是以微弱电流信号测量为基础的，利用玻璃微电极来测量生物电流信号的技术。双电极电压钳通常针对的是体积较大的细胞，将电压电极和电流电极刺入细胞内，电压电极用于记录膜电位，记录的信号通过负反馈放大器与需要施加的电位（命令电位）相比较，并通过输出端电流电极给细胞施加电流，以保证膜电位达到命令电位，从而实现对膜电位的控制。若细胞膜上通道开放或关闭，则钳制膜电位需要的电流也会发生变化，此变化相当于细胞膜通道电流的变化，因此通过通道电流的变化来判断细胞通道的活性。

非洲爪蟾（*Xenopus laevis*）卵母细胞是一个适用范围广泛的基因异源表达实验系统，在本实验中，我们在爪蟾卵母细胞中表达植物钾离子通道 KZM1，然后利用双电极电压钳技术对 KZM1 的钾离子通道活性进行检测。

【实验材料】

非洲爪蟾卵母细胞。

【实验设备】

双电极电压钳设备，恒温摇床，体视显微镜，三角瓶，培养皿，离心机，剪刀和镊子等。

【实验试剂】

1. ND96 溶液：含 96 mmol/L NaCl、2 mmol/L KCl、1 mmol/L $MgCl_2$、1.8 mmol/L $CaCl_2$、5 mmol/L HEPES，用 NaOH/HCl 将 pH 调至 7.5，最后加入抗生素，终浓度为 0.1 mg/mL 链霉素和 0.1 mg/mL 硫酸庆大霉素。

2. 无 Ca^{2+} ND96 溶液：含 96 mmol/L NaCl、2 mmol/L KCl、1 mmol/L $MgCl_2$、5 mmol/L HEPES、用 NaOH/HCl 将 pH 调至 7.5，最后加入抗生素，终浓度为 0.1 mg/mL 链霉素和 0.1 mg/mL 硫酸庆大霉素。

3. 50 mL 酶解液（现用现配）：含 0.086 g 胶原蛋白水解酶、0.0245 g 胰蛋白酶抑制剂，用无 Ca^{2+} ND96 定容至 50 mL。

4. 细胞浴液（K^+ 记录液）：含 96 mmol/L KCl、1.8 mmol/L $CaCl_2$、1.8 mmol/L $MgCl_2$、10 mmol/L HEPES，用 NaOH/HCl 调 pH 至 7.2。

【实验步骤】

1. 酶解卵母细胞

（1）将手术取出的非洲爪蟾卵巢组织放入无 Ca^{2+} 的 ND96 溶液中，以剪刀或镊子将卵袋撕成 5~10 个卵母团，然后放入 50 mL 的酶解液中，23 ℃，60 r/min，酶解 90 min。

（2）酶解后用无 Ca^{2+} 的 ND96 溶液洗 4 次，再用 ND96 溶液洗 5 次。

（3）在体视显微镜下挑选大小一致的Ⅴ期至Ⅵ期的卵并观察卵的状态，健康的卵动物极黑亮或深棕色，且动物极与植物极界限分明。而状态不佳的卵则形状不规则，动物极呈现灰白色，或动物极与植物极区别不清。挑选状态好的卵母细胞放入 ND96 溶液中。恢复 2～3 h 后即可进行注射。

2. 显微注射

（1）显微注射电极的制备：将显微注射用硬质玻璃电极以水平拉制仪拉成长度相当、尖端细长的两段。180 ℃烘烤 2 h 以上以去除 RNase。

（2）将烘烤后的电极尖端用镊子断开，断面锐利有利于穿刺卵细胞。

气压注射器：打开气泵电源，注射器电源，连通气泵和注射器；将电极插入显微注射器的皮垫内并以螺帽旋紧；调节 inject 压力 180 MPa、balance 压力 5～10 MPa、clear 压力 300 MPa 左右；在干净的封口膜上滴加不超过 8 μL 的 cRNA（枪头为无 RNase 污染），让电极尖端伸入液滴中；摁住 fill 键，使液体全部回吸到玻璃电极内。注意压力要稳定，太小时补压再吸或注射。

（3）注射时先将去除卵黄膜的卵放在含有 ND96 溶液的培养皿中（为防止在注射过程中卵移动，可以在培养皿的底部铺一层尼龙网）。将注射电极以三维操纵器移到卵附近，慢慢插入卵细胞动物极和植物极的交接面内。稍微后撤电极，按注射仪上的注射按钮，将 50 nL 的 cRNA 注入卵内。稍停几秒钟后轻轻撤出电极，此时可能有少量的卵黄从伤口流出，但在几分钟内伤口会慢慢自动封合。注意：cRNA 要注于卵的动物极和植物极的交接面处，而 cDNA 则注于动物极的顶部。

（4）将注有 cRNA 的卵用吸管移入 ND96 溶液中，18℃孵育。每天换液两次，同时移去坏死的卵。在换液过程中尽量减少对卵的移动，同时卵一定不能露出液面。孵育 1～2 d 后的卵就可以进行电压钳记录。

3. 电压钳记录

（1）首先将显微注射用电极（电极采用硬质玻璃电极）用两步垂直重力拉制器（Narishige Scientific Instrument Lab.，PC-100，Tokyo，Japan）拉制成长度相当的两段电极。然后用尖端细长的 1 mL 注射器将电极液（Pipette solution，3 mol/L KCl）灌入电极，灌注体积约为电极玻璃管体积的 1/3 至 1/2。灌注时电极尖端避免产生气泡。

（2）将灌入电极液的电极装入电极夹持器中，使 Ag-AgCl 电极尖端与电极液接触约 2～3 mm（银丝镀氯处理成为 Ag/AgCl，使离子流转换成电子电流）。旋紧螺帽固定电极。

（3）依次开启计算机，数模转换器（DigiData 1322A，Axon，USA），放大器 Gene Clamp 500B（Axon，USA），打开 Clampex 9.0 软件（Axon，USA）。

（4）向细胞池内加入适量的细胞浴液，在放大器 Setup 状态下，将两根参比电极插入浴液内。电压参比电极在细胞池边侧，电流参比电极放在将放测试细胞的区域。将 Capacitance Neutralization 旋钮转至最小刻度。以三维操作器将两个记录电极（电压电极和电流电极）插入液面下，观察 $V1$ 及 $V2$ 是否为零。若不为零，则按 ZERO 按钮将它们恢复为零。分别按下控制面板的 $R1$ 及 $R2$ 按钮，读取 $R1$ 及 $R2$ 值，若电极阻抗在 0.3～5 MΩ 范围内，则电极可以使用，否则必须更换电极。

（5）将电压电极及电流电极分别移动到细胞两侧，再次将电极电压 $V1$ 及 $V2$ 回零并检验电极的阻抗。将电压电极及电流电极先后插入细胞（电压电极插入细胞后处于细胞膜附近，而电流电极则插在细胞的中央部位）。读取 $V1$ 及 $V2$，细胞静息电位大约在 -30 mV 或更低时说明卵细胞的状态良好。但实际记录过程中，细胞静息电位低于 -15 mV 的卵细胞便可用于电压钳记录。将控制面板上的 Gain 及 Stability 旋钮旋转至最大值。

按下放大器面板上的 Voltage Clamp 按钮，使细胞钳制于所需电压，静止 2～3 min 以稳定细胞。开始记录电流文件。电流信号通过 GeneClamp 500B 放大器放大，经过 DigiData 1322A 数模转换器（Axon，USA）转换后，保存在计算机内以备下一步分析。

4. 数据处理

（1）记录文件的输出。在 Clampfit 软件中，打开需要输出的电流文件。在 View 菜单下选择 Select Sweeps，选择所要输出的 Sweeps。然后在 File 菜单下选择 Save as，将文件另存为 *.atf 格式。还可在保存对话框的 Options 选项中选择要保存的区域及信号。在 Sigmaplot 9.0 软件中用用 Import 选项输入保存的 *.atf 文件。然后以时间为横坐标，电流为纵坐标将电流曲线输出。

（2）制作 I-V 曲线。在 Clampfit 软件中，打开需要作图的电流文件。用鼠标拖动 Cursors 1 至开始施加电压的位置，拖动 Cursors 2 至停止施加电压的位置。点击 Write Cursors 按钮，打开 Results 窗口，在 Y delta 1..2 列中找到各个电压下所对应的电流值，将其拷贝到 Sigmaplot 9.0 软件中。重复以上步骤将其他电流文件中各个电压下的电流值拷贝到 Sigmaplot 9.0 软件中。利用 Sigmaplot 9.0 软件计算出每个电压下的电流平均值及 Std. Err.，然后以电压为横坐标，电流为纵坐标制作。

【注意事项】

（1）爪蟾卵母细胞酶解过程需要在无 Ca^{2+} 的酶解液中进行，避免 Ca^{2+} 对酶活性的抑制。

（2）注射过程佩戴口罩和手套，防止 RNase 污染。

（3）记录前需对电极丝进行镀氯形成 Ag-AgCl 电极，方便电流回路中离子流向电子电流的转变。

（4）电极阻抗应在 0.3～5 MΩ 范围内，如若不在必须更换电极。

（5）静息电位低于 -15 mV 的卵母细胞可用于电压钳记录。

【实验结果】

绘制和打印 KZM1 的卵母细胞能够记录的钾离子电流。

【思考题】

1. 从非洲爪蟾中取出的卵巢组织需要放入无 Ca^{2+} 的 ND96 溶液中，并且酶解也需要用无 Ca^{2+} 的 ND96 溶液配制，为什么不能用有 Ca^{2+} 的 ND96 溶液呢？

2. 电极内的银丝为什么需要镀氯处理成为 Ag/AgCl？

实验十五　植物根系对矿质元素的选择吸收

植物的根对矿质元素具有选择吸收的特性，甚至同一盐类的阴、阳离子，也以不同的比例进入植物体，因此盐类可分为生理酸性盐，生理碱性盐和生理中性盐。例如：施硫酸铵，植物吸收铵离子较多，而留在土壤中的硫酸根离子则使土壤溶液变成酸性，故称这类盐为生理酸性盐；对于硝酸钠，则相反，留在土壤中的钠离子较多使土壤溶液变碱，称之为生理碱性盐。还有一些盐类，如硝酸铵，两种离子吸收量相近，称之为生理中性盐。本实验是通过测定溶液中 pH 的变化情况来确定植物对矿质元素选择吸收的特性。

【实验材料】
玉米幼苗（洋葱、小麦等幼苗也可）。

【实验设备】
pH 计及精密 pH 试纸，50 mL 三角瓶，棉花，玻璃棒等。

【实验试剂】
0.1 mol/L $MgSO_4$，0.1 mol/L $NaNO_3$，0.1 mol/L（NH_4）$_2SO_4$，0.1 mol/L KH_2PO_4，0.05% $FeCl_3$。

【实验步骤】
1．按表 15-1 配制甲、乙两种溶液，甲溶液为生理碱性盐 $NaNO_3$ 的平衡溶液，乙溶液为生理酸性盐（NH_4）$_2SO_4$ 的平衡溶液。

表 15-1　溶液配制成分表

成分	溶液甲（mL）	溶液乙（mL）
蒸馏水	49.45	49.45
0.1 mol/L $MgSO_4$	1.15	1.15
0.1 mol/L $NaNO_3$	2.25	—
0.1 mol/L（NH_4）$_2SO_4$	—	2.25
0.1 mol/L KH_2PO_4	1.15	1.15
0.05% $FeCl_3$	0.5	0.5

2．放材料前测定溶液的 pH。

3．取预先在石英砂中培养的玉米幼苗为实验材料，选择大小一致的幼苗 4 株，小心地连根从石英砂中取出，轻轻洗去附在根上的石英砂，然后分别将其培养在上述两种溶液中，在每一培养液中放入两株，瓶口处用棉花固定。

【实验结果】
培养 4～7 d 后再测定一次 pH，将数值填入表 15-2。在这一过程中，培养液的 pH 值有何变化？并说明原因。

表 15-2 实验结果记录表

	实验开始时 pH	4~7 d 后 pH
溶液甲		
溶液乙		

【思考题】

1. 何谓生理酸性盐，生理碱性盐？
2. 从本实验结果中能得出什么结论？

单盐毒害与混合盐的拮抗作用

单盐毒害和拮抗作用与原生质及原生质膜中的亲水胶体有关，离子价数越高，其消除单盐毒害作用所需的浓度越低。矿质离子特别是阳离子，对原生质的理化性质和生理机能有巨大影响。当某一种离子单独存在时，常能破坏原生质的正常状态而发生毒害作用；如果在单盐溶液中，加入少量的其他盐类，则产生拮抗作用而消除毒害。

【实验材料】

真叶尚未出鞘的小麦或水稻幼苗。

【实验设备】

50 mL 烧杯 6 只、蜡布或蜡纸（大小以能覆盖在烧杯上为准）、50 mL 量筒。

【实验试剂】

1. 0.12 mol/L KCl 溶液。
2. 0.12 mol/L NaCl 溶液。
3. 0.12 mol/L $CaCl_2$ 溶液。
4. 0.12 mol/L $MgCl_2$ 溶液。
5. 0.12 mol/L NaCl 100 mL＋0.12 mol/L $CaCl_2$ 1 mL＋0.12 mol/L KCl 2.2 mL。
6. 0.12 mol/L NaCl 100 mL＋0.12 mol/L $MgCl_2$ 1 mL＋0.12 mol/L KCl 2.2 mL。

【实验步骤】

1. 取 50 mL 烧杯 6 只，分别倒入 50 mL 上述六种溶液，贴上标签。
2. 在每张蜡纸的中央，各穿距离相等的 10 个小孔，孔的直径与小麦或水稻芽鞘近似（宁小勿大）。
3. 挑选真叶未出芽鞘、大小相等、根系生长一致的小麦或水稻幼苗 60 株，在蜡纸的每个孔眼中种上一株，（小心地使小麦芽鞘由下而上从小孔中穿出）将蜡纸盖在 6 个烧杯上，使小麦的根系能接触到溶液，然后用细线固定蜡纸，放在 25～28℃光线适宜的地方培养，随时补加蒸馏水，以保持杯内溶液的水平。

【实验结果】

一星期左右后观察结果，特别注意根的生长情况，记录幼根、幼茎的长度；并拍照或绘图表示结果。

【思考题】

1. 何谓单盐毒害？何谓拮抗作用？
2. 试述拮抗作用的原理。

实验十七　植物的溶液培养与矿质元素缺乏症

植物必须吸收某些必要的矿质元素才能保证其正常的生长发育。若缺少某一必需元素，便会表现出特异的缺素症状。将这些必需元素用适当的无机盐配成溶液供给植物就能使植物正常生长发育，这种方法称为溶液培养。将洁净的石英砂加在溶液中用来培养植物的方法称为砂基培养。溶液培养和砂基培养是研究植物矿质营养的重要方法。利用这种方法，所有的元素及其量都可以人为的控制。若要了解某些元素缺乏所引起的生理病症，就可以从培养液中减去该元素，然后培养植物，并在其生长发育过程中进行观察。

【实验材料】

玉米种子。

【实验设备】

培养瓶（1000 mL 塑料广口瓶或瓷质瓶）、石英砂、黑色蜡光纸、烧杯、刻度吸管、量筒、pH 试纸、各种无机盐。

【实验试剂】

各种无机盐（见实验步骤 2 母液配制）

【实验步骤】

1. 培苗：将植物种子在水中浸胀后，播入砂基中培养，砂基溶液用很稀的培养液。当小苗长至具有 1～2 片真叶后，选择生长势一致的材料待用。

2. 配制母液及培养液：当需要经过多次砂基培养时，最好先配制各种元素的母液。这样不仅使工作方便，也使配制更准确一些。所有配制都使用蒸馏水，其规格参照表 17-1。

（1）各种必需大量元素及铁盐母液：按表 17-1 称取各种大量元素分别溶于 1 L 蒸馏水中，配成 200× 母液，其中 EDTA-Na$_2$ 和 FeSO$_4$ · 7H$_2$O 一起溶于 1 L 蒸馏水中为铁盐母液。

表 17-1　各种必需大量元素及铁盐母液浓度

无机盐	浓度（g/L）	无机盐	浓度（g/L）
Ca(NO$_3$)$_2$ · 4H$_2$O	236	NaH$_2$PO$_4$	24
KNO$_3$	102	NaNO$_3$	170
MgSO$_4$ · 7H$_2$O	198	Na$_2$SO$_4$	21
KH$_2$PO$_4$	27	EDTA-Na$_2$	7.45
K$_2$SO$_4$	88	FeSO$_4$ · 7H$_2$O	5.57
CaCl$_2$	111		

（2）微量元素母液

H$_3$BO$_4$ 2.86 g，MgCl$_2$ · 4H$_2$O 1.81 g，CuSO$_4$ · 5H$_2$O 0.08 g，ZnSO$_4$ · 7H$_2$O 0.22 g，H$_2$MoO$_4$ · H$_2$O 0.09 g，溶于 1 L 蒸馏水中。

（3）完全培养液与各种缺素培养液（表17-2）

表17-2　完全培养液与各种缺素培养液成分

母液种类	每100 mL 培养液中母液的取用量（mL）						
	完全	缺N	缺P	缺K	缺Ca	缺Mg	缺Fe
Ca(NO₃)₂·4H₂O	0.5	—	0.5	0.5	—	0.5	0.5
KNO₃	0.5	—	0.5	—	0.5	0.5	0.5
MgSO₄·7H₂O	0.5	0.5	0.5	0.5	0.5	—	0.5
KH₂PO₄	0.5	0.5	—	—	0.5	0.5	0.5
K₂SO₄	—	0.5	0.1	—	—	—	—
CaCl₂	—	0.5	—	—	—	—	—
NaH₂PO₄	—	—	—	0.5	—	—	—
NaNO₃	—	—	—	0.5	0.5	—	—
Na₂SO₄	—	—	—	—	—	0.5	—
铁盐	0.5	0.5	0.5	0.5	0.5	0.5	—
微量元素	0.1	0.1	0.1	0.1	0.1	0.1	0.1

用酸碱调节培养液 pH 在 5.5～5.8，注意不要破坏了缺素处理。

3．装培养瓶：将石英砂用蒸馏水清洗干净，然后装瓶，石英砂装入高度为瓶高的 4/5。然后分别加入各处理培养液。培养液高度为石英砂高度的 1/3 左右。

4．栽培：将选好的小苗栽入培养瓶中，使根部与潮湿的石英砂接触。然后放置在温室内光照良好的地方培养，用黑色蜡光罩住瓶体。

5．管理：整个培养期为 12～14 周。管理内容为定期调节培养液 pH、增添水分、更换培养液、作观察记录。

（1）pH 调节：溶液 pH 对营养元素的有效性影响很大，有时甚至会造成实验失败。因此从实验开始后要经常检测溶液 pH，注意使之保持在 5～6 之间。调节时要用很稀的酸或碱，注意不要破坏缺素处理。

（2）增添水分：若蒸腾或蒸发严重时，要定时添加蒸馏水。

（3）更换培养液：每两周换一次培养液。

（4）观察记录：观察记录的内容有根、茎、叶的长度、大小、形状、颜色、小苗生长发育情况及各种特殊情况如病变等，实验结束时注意记录植株的鲜重、高度、叶片形状及颜色。记录要从实验一开始就进行，然后定期观察记录，每星期一次。

【实验结果】

用表格形式将实验记录整理好，并附上结果。

【思考题】

1．比较正常植株与缺钾植株气孔运动的状态差异；比较正常植株与缺磷植株分生组织的状态差异。

2．为什么某些元素缺素症首先表现于嫩叶组织中，而另一些却表现在老叶组织中？

3．分析不同缺素症状出现时期不同的原因。

4．你认为做好砂基培养的关键是什么？

实验十八　水稻钾营养耗竭测定

植物的生长发育依赖于植物细胞不断地从环境中摄取各种物质。植物主要通过根系从外界环境中吸收各种营养元素，以供植物生长发育所需，而根细胞质膜上存在多种离子转运蛋白，它们利用跨细胞质膜的离子电化学势梯度将环境中的营养元素离子吸收进入胞内。不同植物或植物的不同品种其根细胞质膜上的离子转运蛋白的种类和转运活性具有较大的差异。因此，研究不同植物或植物不同品种对营养元素吸收速率的差异，有助于解析植物吸收营养元素的功能特性。

本实验利用营养耗竭的方法测定植物根系对培养液中钾元素的吸收速率。将植物根系放置于一定初始钾浓度的耗竭液中进行培养，然后在不同的培养时间点吸取耗竭液进行钾离子浓度的测定。最后通过分析耗竭液中钾离子浓度降低的快慢以反映植物根系对钾离子的吸收速率。耗竭液中钾离子浓度降低越快，则植物根系吸收钾离子的速率越快，反之则钾吸收速率越慢。

【实验材料】

水稻种子。

【实验设备】

三角瓶，培养瓶，镊子，滤纸，恒温摇床，保鲜膜，离心机，离心管，微波等离子体原子发射光谱仪（MP-4100），光照培养箱等。

【实验试剂】

1. 75% 乙醇。

2. 40% NaClO。

3. 1/2 MS 培养基。

4. 0.1 mol/L HCl。

5. 10 mmol/L KCl。

6. 饥饿液：含 5 mmol/L MES，200 μmol/L $CaSO_4$，pH 5.75（Tris 调 pH）。

7. 耗竭液：含 5 mmol/L MES，200 μmol/L $CaSO_4$，250 μmol/L KNO_3，pH 5.75（Tris 调 pH）。

8. 灭菌双蒸水。

注意：配制饥饿液和耗竭液所用到的玻璃器皿及离心管均需经过 0.1 mol/L HCl 浸泡，在配制过程中先加入 $CaSO_4 \cdot 2H_2O$ 进行搅拌，待其溶解后再加入 MES，然后用容量瓶定容，用 Tris 调 pH。

【实验步骤】

1. 种子的消毒：首先用 75% 乙醇清洗水稻种子约 2 min，然后用灭菌双蒸水清洗 3 遍，倒干水分，加入 40% NaClO，在 28℃摇床中避光摇 1 h，之后用灭菌双蒸水清洗 3 遍，再加上灭菌双蒸水放入摇床摇 10 min，最后用灭菌双蒸水再清洗 2 遍即可。

2. 布种：将消毒后的种子在灭菌的滤纸上吸干水分，用镊子将种子布到培养瓶内的

1/2 MS 培养基上，然后放置到 28℃全日照光照培养箱中培养生长。

3. 去胚乳：当幼苗长到 4 d 大时，在超净台内用镊子将胚乳去掉，然后放回培养箱继续生长一天。

4. 饥饿：挑选生长一致的 5 d 大的幼苗，大约 12 株，重量在 0.6~0.8 g 之间，将幼苗上残留的胚乳清理干净，冲洗干净粘连的培养基，然后将幼苗上的水分吸干，放入饥饿液中（100 mL 三角瓶每瓶装 80 mL 饥饿液），置于 28℃光照培养箱内的摇床上，摇床转速为 110 r/min。饥饿 9 h 后更换一次饥饿液，共饥饿 18 h。每种材料设置 3 个平行，并用保鲜膜覆盖所有三角瓶。

5. 耗竭：将饥饿处理后的幼苗根用双蒸水冲洗干净，用吸水纸吸干水分，同时放入盛有 30 mL 耗竭液的 50 mL 三角瓶中，之后开始计时，平衡 5 min 后取样作为零点，之后间隔取样，间隔时间依次为 1 个 15 min，5 个 30 min，5 个 1 h，4 个 2 h，5 个 4 h。每次取样 200 μL，取样后分别补入同体积耗竭液，并用保鲜膜覆盖所有三角瓶。

6. 钾离子含量测定：将耗竭液样品稀释 3 倍，即分别加入 400 μL 饥饿液，混匀后用离心机轻甩，然后用 MP-4100 进行钾离子含量测定。

注意：标准曲线的配制中，钾离子浓度依次为 0、10 μmol/L、20 μmol/L、30 μmol/L、40 μmol/L、50 μmol/L、75 μmol/L、100 μmol/L，配制方法为在 15 mL 离心管中加入 10 mL 0.1 mol/L HCl，然后依次吸出 0、10 μL、20 μL、30 μL、40 μL、50 μL、75 μL、100 μL HCl，再分别加入同体积 10 mmol/L KCl 母液，测前一定要摇匀。

【实验结果】

根据软件所提供的 excel 表格中的数据用 SigmaPlot 9.0 软件进行数据分析和作图。

【思考题】

在耗竭处理之前，为什么需要进行饥饿处理？

扫一扫看视频

　　原子发射光谱分析（atomic emission spectrosmetry，AES），是根据处于激发态的待测元素原子回到基态时发射的特征谱线对待测元素进行分析的方法。原子的核外电子一般处在基态运动，当获取足够的能量后，就会从基态跃迁到激发态，处于激发态的电子不稳定（寿命小于 10^{-8} s），迅速回到基态时，就要释放出多余的能量，若此能量以光的形式出现，即得到发射光谱（线光谱）。每种元素有其独特的发射光谱，取决于跃迁前后两个能级之差，再根据是否出现元素的特征波长的谱线即可判断样品中是否存在该原子。

　　微波等离子体是利用空气中的氮气所产生的氮等离子体，作为发射光谱的激发光源，具有经济实用，稳定性好，适用范围广泛等特点。被测样品经雾化去溶后，在等离子体的激发下，发射出每一元素的特征谱线，根据特征谱线的强度和浓度的正比关系，定量分析出样品中元素的浓度及含量。

　　盐胁迫条件下，植物对 Na^+、Cl^- 等盐离子的吸收增加，随着盐离子在植物体内的大量积累，对植物产生离子毒害。钾作为植物正常生长必需的大量营养元素之一，在维持细胞膨压及作为部分酶的激活剂等许多生理代谢过程中发挥重要作用。研究表明维持盐胁迫下植物体内的 Na^+/K^+ 平衡对植物提高抗盐性具有重要作用。测定盐胁迫下植物体内 Na^+、K^+ 含量，有助于了解不同处理条件下植物体内 Na^+ 含量变化，分析植物对盐胁迫的耐受性。

　　本实验通过微波等离子体原子发射光谱仪（MP-4100）定量分析样品中的 Na^+、K^+ 含量。

【实验材料】
　　新鲜玉米苗或其他植物叶片。

【实验设备】
　　干燥的纸袋，坩埚，注射器，滤器，离心管，恒温烘箱，马弗炉，微波等离子体原子发射光谱仪（MP-4100）等。

【实验试剂】
　　10 % 稀盐酸，10 mmol/L NaCl 溶液，10 mmol/L KCl 溶液。

【实验步骤】
　　1. 选取生长 1～2 周的玉米幼苗 3～4 棵，剪下叶片放入干燥纸袋中，80℃烘箱烘干 48 h。

　　2. 烘干的样品小心取出，分析天平称量样品干重，然后剪碎放入 30 mL 坩埚中。

　　3. 装有样品的坩埚放入马弗炉中，300℃碳化 3 h，575℃灰化 5 h。

　　4. 灰化后的样品在坩埚中加入 10 mL 10 % 稀盐酸溶解，过滤器过滤到 10 mL 离心管中制成样品母液。

　　5. 根据需要将母液用 10% 稀盐酸稀释成不同的倍数，同时用 10 mmol/L NaCl 溶液和 10 mmol/L KCl 溶液分别配制 0、20 μmol/L、50 μmol/L、100 μmol/L、150 μmol/L、200 μmol/L 的标准溶液各 5 mL。

6. 使用微波等离子体原子发射光谱仪（MP-4100）进行最终 Na^+、K^+ 含量的测定。

【实验结果】

根据以下计算公式计算 Na^+、K^+ 浓度：

Na^+ 浓度（mg/g）= Na^+ 浓度（μmol/L）× 稀释倍数 ×10^{-3}×0.01（L）×23÷ 样品干重（g）

K^+ 浓度（mg/g）= K^+ 浓度（μmol/L）× 稀释倍数 ×10^{-3}×0.01（L）×39÷ 样品干重（g）

【思考题】

1. 微波等离子体原子发射光谱仪测定钠、钾离子含量的原理是什么？

2. 在植物生理学的哪些研究中会涉及钠、钾离子含量的测定？

实验二十　植物无机磷含量的测定

扫一扫看视频

　　磷是植物生长发育所必需的大量元素之一，约占植物干重的 0.05%～0.5%，参与生物膜的构成，是核酸、核蛋白、辅酶等多种物质的重要成分，参与植物的能量代谢、物质代谢等生理过程。磷主要以无机态的形式被植物吸收，$H_2PO_4^-$ 和 HPO_4^{2-} 是植物磷素吸收的最主要形式。

　　植物吸收的无机磷除了用于合成含磷有机物，主要以无机磷的形式参与代谢或存于液泡中。无机磷含量变化可以反映植物对磷吸收能力和植物体内磷代谢等。无机磷含量测定常用方法是钼蓝法。钼蓝法的原理是：在一定酸性条件下，磷酸与钼酸铵作用生成磷钼酸铵，磷钼酸铵被抗坏血酸还原后生成钼蓝，钼蓝显蓝色。无机磷量与钼蓝产生量呈线性关系，无机磷含量越高产生的钼蓝含量越高，蓝色越深。利用连续波长酶标仪在 820 nm 波长下进行测定，计算得出无机磷含量。

【实验材料】
拟南芥种子。

【实验设备】
磨样仪，低温离心机，水浴锅，酶标仪，离心管，培养皿等。

【实验试剂】
大量元素母液（20×），1 L（MS 培养基）

NH_4NO_3	33 g
KNO_3	38 g
$CaCl_2$	6.643 g
$MgSO_4 \cdot 7H_2O$	7.4 g
KH_2PO_4	3.4 g
dd H_2O 定容至 1 L 后放入 4℃冰箱保存	

大量元素母液（20×），1 L〔低磷（LP）培养基〕

NH_4NO_3	33 g
KNO_3	38 g
$CaCl_2$	6.643 g
$MgSO_4 \cdot 7H_2O$	7.4 g
dd H_2O 定容至 1 L 后放入 4℃冰箱保存	

微量元素母液（100×），1 L

KI	0.083 g
H_3BO_3	0.62 g
$MnSO_4 \cdot H_2O$	1.74 g
$ZnSO_4 \cdot 7H_2O$	0.86 g
$Na_2MoO_4 \cdot 2H_2O$	0.025 g

续表

CuSO$_4$ · 5H$_2$O	0.0025 g
CoCl$_2$ · 6H$_2$O	0.0025 g
dd H$_2$O 定容至 1 L 后放入 4℃冰箱保存	

铁盐母液（100×），1 L

EDTA-Na$_2$	3.72 g
FeSO$_4$ · 7H$_2$O	2.78 g
dd H$_2$O 定容至 1 L 后放入 4℃冰箱保存	

MS 固体培养基，1 L（萌发时使用）

大量元素母液	50 mL
微量母液	10 mL
铁盐母液	10 mL
蔗糖	30 g
琼脂粉	8 g

dd H$_2$O 定容至 1 L，Tris 调 pH 至 5.75～5.8，121℃高温高压灭菌 15 min，冷却后，在超净台上倒入直径 9 cm 培养皿中，每皿 25 mL，凝固备用

MS 固体培养基，1 L（移苗时使用）

大量元素母液	50 mL
微量元素母液	10 mL
铁盐母液	10 mL
蔗糖	30 g
琼脂糖	6 g

dd H$_2$O 定容至 1 L，Tris 调 pH 至 5.8，高温高压灭菌（121℃，1.2 atm，15 min），冷却后，在超净台上倒入直径 9 cm 培养皿中，每皿 25 mL，凝固备用

低磷（LP）固体培养基，1 L

LP 大量元素母液	50 mL
微量元素母液	10 mL
铁盐母液	10 mL
蔗糖	30 g
琼脂糖	6 g

dd H$_2$O 定容至 1 L，Tris 调 pH 5.8，高温高压灭菌（121℃，1.2 atm，15 min），冷却后，在超净台上倒入直径 9 cm 培养皿中，每皿 25 mL，凝固备用

无机磷含量测定所需溶液如下。

无机磷提取液 1 L

Tris-HCl（1 mol/L，pH 8.0）	10 mL
EDTA（0.5 mol/L，pH 8.0）	2 mL
NaCl	5.844 g
β- 巯基乙醇	70 μL
PMSF（100 mmol/L）	10 mL，现用现加
dd H$_2$O 定容至 1 L	

1% 冰醋酸 500 mL

冰醋酸	5 mL
H_2O	495 mL

显色贮存液

$(NH_4)_6Mo_7O_{24} \cdot 4H_2O$	3.5 g
98% 硫酸	23.39 mL
dd H_2O 定容至 1 L	

显色液：在显色贮存液中按 1.4%（质量体积分数）加入抗坏血酸，现用现加。

【实验步骤】

1. 材料处理：每种材料需要大约 120 粒种子。拟南芥在 MS（琼脂粉）培养基上萌发生长 7 d 长出第一对真叶，分别移到 MS（琼脂糖）和 LP（琼脂糖）培养基上，继续光照培养 5 d。

2. 取样：30 株苗为一个平行，至少 3 个平行。

3. 材料清洗：用超纯水漂洗材料，洗 3 遍，用吸水纸吸干水分，放入 2 mL 离心管（盖好盖子），称鲜重，记录数据，液氮冻存。

4. 磨样：用磨样仪将样品充分研磨，研磨过程中样品保持冷冻状态。

5. 无机磷提取

（1）整株或冠部无机磷提取：以 70 mg 样品为例，加入 700 μL 提取液，上下颠倒混匀。用移液器将样品吸到另一预先加有 4.3 mL 1% 冰醋酸的 10 mL 离心管中。用 1 mL 冰醋酸清洗，重复两次，此时 10 mL 离心管中冰醋酸的体积为 6.3 mL。小心颠倒混匀，42℃水浴反应 30 min。4℃，4000 r/min 离心 15 min。

（2）根部无机磷提取：以 10 mg 样品为例，加入 100 μL 提取液，混匀。加入 900 μL 1% 冰醋酸，上下颠倒混匀，42℃水浴反应 30 min。4℃，12 000 r/min 离心 5 min。

6. 显色：吸取 150 μL 上清，加入到 350 μL 显色液中，颠倒混匀。同时，制备标准曲线，42℃水浴反应 30 min。

7. 吸光值测定：吸取 200 μL 反应好的溶液到酶标板中，在连续酶标仪波长为 820 nm 下测定吸光值，根据标准曲线（表 20-1）计算无机磷含量。

表 20-1　标准曲线制作

标准浓度（μmol/L）	0	10	20	30	40	50	60	70	80
1 mmol/L KH_2PO_4（μL）	0	10	20	30	40	50	60	70	80
磷提取液（μL）	300	290	280	270	260	250	240	230	220
钼酸铵显色液（μL）	700	700	700	700	700	700	700	700	700

【实验结果】

无机磷含量（nmol/mg）$= C \times 500/150 \times V/1000/W$

式中，C——酶标仪测定的浓度（μmol/L）；

$\quad\quad W$——鲜重（g）；

$\quad\quad V$——提取液体积（mL）。

【思考题】

1. 材料漂洗的作用是什么？

2. 样品研磨过程中为什么要保持冷冻状态？

实验二十一　离子色谱法测定植物体内硝酸根离子的含量

扫一扫看视频

氮是植物生长发育所必需的大量元素之一，是植物体内蛋白质、核酸、磷脂、多种酶和辅酶、叶绿素及生长素、细胞分裂素等物质的组分，在植物细胞的生长发育过程中发挥重要作用。

植物通过土壤可吸收不同形态的阴离子。以氮素为例，植物对氮素的吸收以无机氮为主，包括硝酸盐、亚硝酸盐和铵盐。在旱地农田中，硝态氮是作物的主要氮源。植物体内硝态氮含量不仅能够反映出植物的氮素营养情况，而且能反映土壤中硝态氮供应情况，可作为土壤氮肥的指标，对科学施肥具有重要的参考价值。

高效液相色谱作为一种重要的分析方法，广泛地应用于化学和生化分析中。使用高效液相色谱时，液体样品被注入色谱柱，由压力驱动在固定相中移动，样品中不同物质与固定相互作程度不同而以不同的速率移动，最终也就以不同的时间顺序离开色谱柱，从而在检测器呈现不同的峰信号，通过分析比对信号间的保留时间可以判断待测物的类型，同时也可以通过峰值的高低定性或定量所测不同物质的含量。

【实验材料】
玉米种子。

【实验设备】
高效液相色谱仪，电磁炉，$-80℃$冰箱，离心机，离心管，研钵，10 mL 注射器，0.22 μm 滤头，花盆，锡箔纸，石英砂，蛭石等。

【实验试剂】
基本营养液：

	试剂	相对分子质量	终浓度
大量元素	K_2SO_4	174.26	0.75 mmol/L
	KCl	74.55	0.1 mmol/L
	KH_2PO_4	136.09	0.25 mmol/L
	$MgSO_4 \cdot 7H_2O$	246.47	0.65 mmol/L
铁盐	EDTA-Fe（Na_2）	367.05	0.1 mmol/L
微量元素	$MnSO_4 \cdot H_2O$	169.01	1.0 μmol/L
	$ZnSO_4 \cdot 7H_2O$	287.56	1.0 μmol/L
	$CuSO_4 \cdot 5H_2O$	249.68	0.1 μmol/L
	（NH_4）$_6Mo_7O_{24} \cdot 4H_2O$	1235.86	0.005 μmol/L
	H_3BO_3	61.83	1 μmol/L

含氮营养液：在以上营养液的基础上加入 $Ca(NO_3)_2$，使硝酸根离子的终浓度为 4 mmol/L。

缺氮营养液：在以上营养液的基础上加入硝酸钙，使硝酸根离子终浓度为 0.05 mmol/L，含氮营养液和缺氮营养液两者间的硝酸根离子浓度差异用氯化钙的氯离子补齐。

【实验步骤】

1. 按照沙子：蛭石体积 1:1 的比例均匀混合，混合物等量、均匀地分装到两个花盆中，分别浇等量适量含氮和缺氮的营养液至沙子湿透，将沙子抹平，标记为含氮组和缺氮组。

2. 挑选 30 颗饱满且大小一致的玉米，将玉米的胚面朝上，在两花盆中分别播 15 粒玉米，再盖上适量的沙子，将花盆放在条件适宜的地方萌发。

3. 含氮组和缺氮组玉米均定期浇等量营养液，观察玉米苗的生长情况。

4. 当缺氮组花盆中的玉米苗出现明显的缺氮表型时，两组玉米分别选取 10 株长势一致的苗取材，剪下玉米苗的地上部分，包在锡箔纸中并迅速放到液氮中保存。

5. 将取得的玉米苗在液氮中研磨（由于液氮温度为 −196 ℃，空气中的水分极易受冷凝结，为保证研磨样品的干燥，所用到的器材均需液氮预冷，并注意研磨过程中及时添加液氮），得到研磨均匀的粉末，装到 50 mL 离心管中于液氮中保存（或 −80℃ 冰箱长期保存）。

6. 在 50 mL 离心管中加入 10 mL ddH₂O，并放到电子天平中，称取约 0.3 g 样品，每个样品称取三个重复，记录相应的质量 m。

7. 将称取的样品放入沸水中煮沸 20 min，冷却，放到 −80℃ 冰箱过夜。

8. 把样品拿出解冻，4000 r/min 离心 5 min，用 0.22 μm 的滤头过滤至干净离心管。

9. 采用高效液相色谱检测样品中硝酸根离子含量。

【实验结果】

1. 采用标准曲线法得到上机检测的样品溶液的硝酸根离子浓度 c（mmol/L）；

2. 玉米苗中的硝酸根离子含量（mmol/g FW）$= \dfrac{c \times 0.01}{m}$

式中，0.01 为 10 mL 水的体积换算为 0.01 L。

【思考题】

1. 植物缺氮的症状是什么？

2. 氮肥的施加越多越好吗？

3. 在测定硝酸根含量的过程中应注意哪些方面？

扫一扫看视频

硝酸还原酶（nitrate reductase，NR）是植物氮素代谢作用中的关键酶，也是一类底物诱导酶，它在植物体内催化 NO_3^- 还原为 NO_2^- 的反应如下：

$$NO_3^- + NAD(P)H + H^+ \xrightarrow{\text{NR}} NO_2^- + NAD(P)^+ + H_2O$$

该反应产生的 NO_2^- 可从组织内渗透到外界溶液中，定时测定反应溶液中 NO_2^- 含量的变化可反映硝酸还原酶的活性。

NO_2^- 的定量测定根据磺胺比色法，即在酸性条件下，亚硝酸盐能够与对氨基苯磺酸发生反应，生成重氮化合物，再与 α- 萘胺生成红色偶氮化合物，该红色偶氮化合物对 540 nm 波长的光有最大吸收，可用分光光度计进行定量测定。

【实验材料】

小麦或烟草叶片。

【实验设备】

真空泵，真空干燥器，分光光度计，天平，恒温培养箱，打孔器，剪刀，小烧杯，试管等。

【实验试剂】

1. 0.1 mol/L 磷酸缓冲液，pH7.5。

2. 0.2 mol/L KNO₃ 溶液。

3. 1%（W/V）磺胺（对氨基苯磺酰胺）试剂：1 g 磺胺溶于 100 mL 3 mol/L HCl 中。

4. 0.2%（W/V）α- 萘胺试剂：0.2 g α- 萘胺溶于 100 mL 蒸馏水中，加热至溶解。

5. NaNO₂ 标准溶液：1 g NaNO₂ 溶于蒸馏水中并定容至 1000 mL，配成浓度为 1 mg/mL 的母液，再稀释 100 倍，配制成 10 μg/mL 的 NaNO₂ 标准液。

【实验步骤】

1. 取待测植物叶片 10 片，用剪刀剪成长约 0.5 cm 切段，在天平上准确称取 2 份切段各 0.40 g，分别置于盛有下列两种溶液的烧杯中（较大叶片可用打孔器取叶圆片，每份取 50 个圆片）：

（1）0.1 mol/L 磷酸缓冲液 5 mL + 蒸馏水 5 mL。

（2）0.1 mol/L 磷酸缓冲液 5 mL + 0.2 mol/L KNO₃ 溶液 5 mL。

将烧杯置于真空干燥器中，接上真空泵抽气 30 min，尽可能使叶片沉于烧杯底部。抽气结束后将烧杯置于 30℃ 温箱，在黑暗下保温 30 min，所得溶液用于测定 NO_2^- 的含量。

2. 绘制标准曲线：设置 NaNO₂ 溶液系列浓度为 0、1 μg/mL、2 μg/mL、3 μg/mL、4 μg/mL、5 μg/mL，分别吸取 10 μg/mL NaNO₂ 标准液 0、0.1 mL、0.2 mL、0.3 mL、0.4 mL、0.5 mL 于相应的试管中，再分别加入蒸馏水 1.0 mL、0.9 mL、0.8 mL、0.7 mL、0.6 mL、0.5 mL，然后加入磺胺试剂 2 mL 混匀后再加入 α- 萘胺试剂 2 mL，再混匀，在 30℃ 温箱中

保温 30 min 后在 520 nm 下比色。以 $NaNO_2$ 含量为横坐标、吸光值为纵坐标绘制标准曲线。

3. NO_2^- 含量测定：在制作标准曲线的同时测定样品。分别吸取烧杯中待测样品溶液各 1 mL 置于试管中，加入磺胺试剂及 α- 萘胺试剂各 2 mL，混匀，与标准系列同时于 30℃温箱中反应 30 min，在 520 nm 下测定吸光值。在标准曲线上查出待测样品的 $NaNO_2$ 含量并计算酶活性。

【实验结果】

依据下列公式计算硝酸还原酶活性，以每小时每克鲜重产生的 $NaNO_2$ 的量表示。

$$硝酸还原酶活性 [μg/(g·h)] = \frac{X \times V_1}{W \times T \times V_2}$$

式中，X——产生的 $NaNO_2$ 量（μg）；

V_1——酶促反应时加入的溶液总体积（mL）；

V_2——显色反应时吸取的待测溶液体积（mL）；

W——样品鲜重（g）；

T——反应时间（h）。

【思考题】

1. 硝酸还原酶在氮素营养中的作用是什么？

2. 指出本实验的注意事项并说明原因。

在植物细胞质膜和液泡膜上存在两类 H$^+$-ATPase。植物的 H$^+$-ATPase 具有多种生理功能，其中最为重要的作用是通过泵质子而建立了跨膜的质子动力势梯度，进而驱动离子的跨膜运输。在植物生理学的研究中，常需测定 H$^+$-ATPase 活性。

一、质膜 H$^+$-ATPase 活性的测定

植物质膜 H$^+$-ATPase 是由多基因家族编码的 H$^+$-ATPase 的基因表达的，有组织特异性，其活性也在转录和翻译水平上受激素和环境因子的调节。质膜 H$^+$-ATPase 的主要功能是水解 ATP、转运质子，即把细胞质中的 H$^+$ 泵到质膜外侧。在调节胞内外 pH 变化、控制膜电位、为跨膜溶质运输提供驱动力等诸方面起重要作用。

ATPase 水解 ATP，形成 ADP 和无机 P$_i$，用钼蓝法进行比色测定，根据单位时间内，单位蛋白质中 H$^+$-ATPase 水解 ATP，产生 P$_i$ 量的多少可计算 H$^+$-ATPase 活性。

【实验材料】

生长 4 d 的黄化玉米幼苗。

【实验设备】

高速离心机，超速离心机，分光光度计，pH 计，−80℃冰箱，恒温水浴，研钵，试管，离心管等。

【实验试剂】

（1）研磨液：含 300 mmol/L 蔗糖，50 mmol/L Hepes-Tris（pH7.0），8 mmol/L EDTA，2 mmol/L 苯甲磺酰氟（PMSF），1.5% 聚乙烯吡咯烷酮（PVPP），4 mmol/L DTT，0.2% BSA，后两者用前加入。

（2）悬浮液：含 300 mmol/L 蔗糖，5 mmol/L 磷酸钾缓冲液（pH 7.0），5 mmol/L KCl，0.1 mmol/LEDTA，1 mmol/LDTT（用前加入）。

（3）两相液：含 6.2% dextran T500，6.2% PEG3350，300 mmol/L 蔗糖，5 mmol/L 磷酸钾缓冲液（pH 7.0），5 mmol/L KCl，0.1 mmol/L EDTA，1 mmol/LDTT。

（4）稀释液：含 300 mmol/L 蔗糖，5 mmol/L Hepes-Tris，pH 7.0，1 mmol/LDTT。

（5）0、2 μmol/L、4 μmol/L、6 μmol/L、8 μmol/L、10 μmol/L KH$_2$PO$_4$ 标准溶液。

（6）反应液：含 200 μL 5 mmol/L Hepes-Tris（pH 6.5）缓冲液，50 μL 20 mmol/L MgSO$_4$，50 μL 500 mmol/LKNO$_3$（抑制液泡膜 H$^+$-ATPase 活性），50 μL 5 mmol/L NaN$_3$，50 μL 1 mmol/L 钼酸铵。

（7）反应终止液：以 5% 钼酸铵∶5 mmol/L H$_2$SO$_4$∶H$_2$O=1∶1∶3 体积比混合。

（8）显色液：0.25 g 氨基苯酚磺酸溶于 100 mL 1.5% Na$_2$SO$_3$ 溶液中，pH 调至 5.5，然后加 0.5 g Na$_2$SO$_4$ 溶解，混匀。

（9）蛋白质试剂：含 0.01%（W/V）考马斯亮蓝 G-250，4.7%（W/V）乙醇，8.5%（W/V）磷酸。

（10）20 mmol/L ATP-Tris：按所需浓度计算称取一定量的 ATP 钠盐，用蒸馏水溶解后，经阳离子交换树脂处理，抽滤，滤液即为酸性 ATP，用 Tris 将滤液调至 pH 7.5，最后定容。

（11）牛血清蛋白标准溶液：用 BSA 配制 0、0.2 mg/mL、0.4 mg/mL、0.6 mg/mL、0.8 mg/mL、1.0 mg/mL 系列浓度的溶液。

【实验步骤】

1. 膜微囊制备：取玉米幼苗根尖 2 cm 段 10 g，加入研磨液 20 mL，在冰浴上研磨。匀浆用两层纱布过滤，滤液经 10 000 g 离心 20 min，上清液以 50 000 g 离心 35 min 后弃去上清液，沉淀用 1 mL 悬浮液悬浮。把悬浮好的匀浆小心地铺到两相液上面。2500 g 下离心 10 min。吸取上层溶液，并用稀释液稀释 5 倍，再在 80 000 g 下离心 40 min，沉淀用稀释液悬浮，即为质膜微囊制剂，在超低温冰箱中保存。

2. 无机磷标准曲线制作：分别取 0、2 μmol/L、4 μmol/L、6 μmol/L、8 μmol/L、10 μmol/L KH_2PO_4 标准溶液 50 μL，代替膜微囊制剂，加入反应体系中。再加 1 mL 反应终止液，0.2 mL 显色液，室温放置 40 min 后于 660 nm 处比色，制作标准曲线。取 50 μL 膜微囊制剂，加入 1 mL 反应终止液，0.2 mL 显色液，室温放置 40 min 后于 660 nm 处比色，根据标准曲线算出样品中的无机磷含量。

3. 蛋白质标准曲线制作：分别取 0、0.2 mg/mL、0.4 mg/mL、0.6 mg/mL、0.8 mg/mL、1.0 mg/mL 系列浓度 BSA 溶液 50 μL，加 5 mL 蛋白质试剂，2～60 min 内在 595 nm 处比色，制作标准曲线。

4. 蛋白质含量的测定：取 50 μL 膜微囊制剂，加 5 mL 蛋白质试剂，在 595 nm 处比色，根据标准曲线计算出样品中蛋白质含量。

5. 酶活性测定：取 0.5 mL 反应液，加入 50 μL 膜微囊制剂，加 50 μL 20 mmol/L ATP-Tris 启动反应。将反应试管放到 37℃的恒温水浴中，反应 20 min 后，加入反应终止液 1 mL，然后再加显色液 0.2 mL，摇匀，室温放置 40 min 后于 660 nm 处比色。以反应前即加终止液者作空白对照。

【实验结果】

酶活性计算：根据求得的无机磷含量、蛋白质含量及反应时间（20 min）计算酶活性，以 μmol P_i/（mg 蛋白·h）为单位。

二、液泡膜 H^+-ATPase 活性的测定

液泡膜 H^+-ATPase 是目前发现的液泡膜上两类质子泵之一。它水解 ATP，把细胞质中的 H^+ 转运到液泡内，形成跨液泡膜质子梯度，为其他离子或有机溶质进入液泡提供驱动力，同时对调节细胞质 pH 也有重要意义。

液泡膜 H^+-ATPase 活性的测定，也是根据单位时间内单位蛋白质中 H^+-ATPase 水解 ATP，产生 P_i 量的多少确定的。产生的 P_i 用钼蓝法测定。

【实验材料】

生长 4 d 的黄化玉米幼苗。

【实验设备】

高速离心机，超速离心机，分光光度计，−80℃冰箱，离子交换柱，抽滤装置，离心管等。

【实验试剂】

1．膜微囊制备研磨液：含 30 mmol/L Hepes-Tris（pH 7.4），250 mmol/L 甘露醇，3 mmol/L EGTA，1 mmol/LPMSF，5%（W/V）PVPP，1 mmol/L DTT，0.1% BSA，后两者用前加入。

2．悬浮液：含 2.5 mmol/L Hepes-Tris（pH 7.4），250 mmol/L 甘露醇，1 mmol/L DTT，使用当天配制。

3．6% 葡聚糖溶液：Dextran T70，用悬浮液配制。

4．反应液：含 150 μL 100 mmol/LHepes-Tris（pH 7.5），50 μL 20 mmol/L MgSO₄，50 μL 500 mmol/L KCl，50 μL5 mmol/L NaN₃（抑制线粒体 ATPase 活性），50 μL 1 mmol/L 钼酸铵（抑制非特异性磷酸酶活性），50 μL 1 mmol/L 钒酸钠（抑制质膜 ATPase 活性）。

5．20 mmol/L ATP-Tris（pH 7.5）：按所需浓度计算称取一定量的 ATP 钠盐，用蒸馏水溶解后，经阳离子交换树脂处理，抽滤，滤液即为酸性 ATP，用 Tris 将滤液调至 pH 7.5，最后定容。

6．显色液：0.25 g 氨基苯酚磺酸溶于 100 mL 1.5% Na₂SO₃ 溶液中，pH 调至 5.5，然后加 0.5 g Na₂SO₄ 溶解，混匀。

7．反应终止液：以 5% 钼酸铵∶5 mmol/L H₂SO₄∶H₂O＝1∶1∶3 混合。

8．0、2 μmol/L、4 μmol/L、6 μmol/L、8 μmol/L、10 μmol/L KH₂PO₄ 标准溶液。

9．牛血清蛋白标准溶液：用 BSA 配制 0、0.2 mg/mL、0.4 mg/mL、0.6 mg/mL、0.8 mg/mL、1.0 mg/mL 系列浓度的溶液。

10．蛋白质试剂：含 0.01%（W/V）考马斯亮蓝 G-250，4.7%（W/V）乙醇，8.5%（W/V）磷酸。

【实验步骤】

1．膜微囊制备：取玉米幼苗根尖 2 cm 段或黄化胚芽鞘 10 g，加入研磨液 20 mL，在冰浴上研磨。匀浆用两层纱布过滤，滤液经 480 g 离心 10 min，上清液以 60 000 g 离心 30 min，弃去上清液，沉淀用新鲜配制的 1 mL 悬浮液悬浮。把悬浮好的匀浆小心地铺到 6% 的葡聚糖溶液上面。70 000 g 离心 2 h 后，用尖头吸管慢慢地收集 0～6% 葡聚糖界面之间的部分，即为液泡膜微囊制剂。该制剂在−80℃冰箱中保存。

2．酶活性测定：取 0.5 mL 反应液，加入 50 μL 膜微囊制剂，以 50 μL20 mmol/L ATP-Tris（pH 7.5）启动反应。把反应试管放到 37℃的温水浴中，反应 20 min 后，加入反应终止液 1 mL，然后再加显色液 0.2 mL，摇匀，室温下放置 40 min 后于 660 nm 处比色。以反应前即加终止液者作空白对照。无机磷标准曲线制作，蛋白质标准曲线制作和蛋白质含量测定同上述质膜 H⁺-ATPase 实验。

【实验结果】

酶活性计算：根据求得的无机磷含量、蛋白质含量及反应时间（20 min）计算酶活性，以 μmol P$_i$/（mg 蛋白·h）为单位。

【思考题】

质膜 H⁺-ATPase 和液泡膜 H⁺-ATPase 有什么不同？在测定其活性时应该注意什么？

氯化三苯基四氮唑（2,3,5-triphenyltetrazolium chloride，TTC）可作为一种氧化还原指示剂，溶于水中为无色溶液，当它与幼根、种胚、花粉等活细胞接触时，作为氢的受体被还原型脱氢酶的辅酶 NAD(P)H 还原，由无色的 TTC 生成了红色且不溶于水的三苯基甲䐶（TTF）。反应式如下：

生成的 TTF 呈稳定的红色，不会被空气中的氧自动氧化。因此，TTC 被广泛地用作酶类实验的受氢体，通过测定 TTC 的还原量表示脱氢酶的活性并作为根系活力的指标。

【实验材料】
洗净的水培或砂培的玉米或小麦根。

【实验设备】
分光光度计，恒温培养箱，10 mL 具塞刻度试管，研钵，漏斗，烧杯等。

【实验试剂】
1. 乙酸乙酯。
2. 连二亚硫酸钠（$Na_2S_2O_4$）。
3. 0.5% TTC 溶液：准确称取 TTC 0.50 g，先溶于蒸馏水中并定容至 100 mL。
4. 0.1 mol/L 磷酸缓冲液，pH7.5。
5. 1 mol/L 硫酸：用量筒取相对密度 1.84 的浓硫酸 55 mL，边搅拌边加入盛有 500 mL 蒸馏水的烧杯中，冷却后稀释至 1000 mL。

【实验步骤】
1. 定性测定
取样品 0.25 g 放入小烧杯中，加入 0.5% TTC 溶液和 0.1 mol/L 磷酸缓冲液（pH 7.5）各 5 mL 充分混匀，并将根尖完全浸入在溶液中，置 37℃温箱内 1 h，保温时间一到立即加入 1 mol/L H_2SO_4 溶液 2 mL 以终止反应。观察、记录实验结果。

2. 定量测定
（1）TTC 标准曲线制作
取 0.2 mL 0.5%TTC 溶液加入到 10 mL 具塞刻度试管底部，再向该试管底部加入少许（0.1 g）$Na_2S_2O_4$ 粉末，摇匀片刻，使二者充分接触并反应，即产生红色的 TTF。再用乙酸乙酯定容至 10 mL，摇匀。然后分别取此液 0.25 mL、0.50 mL、1.00 mL、1.50 mL、2.00 mL

至 10 mL 具塞刻度试管中，用乙酸乙酯定容至 10 mL 并摇匀，即得到 TTC 还原量分别为 25 μg、50 μg、100 μg、150 μg、200 μg 的标准比色系列。以乙酸乙酯为空白，在 485 nm 波长下测定吸光值，绘制标准曲线。

（2）取出定性显色的根段，用吸水纸吸干外附水分，置研钵中，加乙酸乙酯 3～4 mL 研磨。将提取的红色 TTF 过滤进 10 mL 刻度试管中，残渣用乙酸乙酯冲洗 2～3 次，直至洗液不带红色为止，最后用乙酸乙酯定容至 10 mL，摇匀后，与标准曲线相同在 485 nm 下比色，记录吸光值。

【实验结果】

依据标准曲线和如下公式，即可计算出 TTC 还原量，单位为 μg/（g·h）。

$$\text{TTC 还原强度} = \frac{\text{TTC 还原量（μg）}}{\text{根重（g）} \times \text{时间（h）}}$$

【思考题】

1. 测定根系的活力有何意义？植物的根与地上部分有何关系？
2. 根系活力最强的部位在哪儿？为什么？
3. 该实验方法在应用过程中，还应注意什么？

根际 pH 的显色测定

植物根系在吸收养分的同时，向外溢泌 H^+、OH^-、HCO_3^- 及其他有机物质，使根际 pH 发生变化，进而影响根际养分状态（如离子状态，溶解度等）。因此，根际 pH 对植物营养具有直接或间接的重要作用。

本方法利用 pH 指示剂在不同酸碱度条件下变色的特点，测试根际 pH 的变化。将 pH 指示剂加入到具有一定营养条件下的琼脂溶胶中，组成琼脂 - 指示剂混合液。植物根系可直接利用其作为介质生长。由于根系的吸收和溢泌等生理活动，使根际 pH 不同于原介质，由此产生不同的显色反应。对照标准 pH 变色范围，可以确定根际 pH 上升或下降的幅度及数值。

【实验材料】

小麦幼苗。

【实验设备】

直径 10 cm 的培养皿，天平，电炉，pH 计，50 mL 量筒，100 mL 烧杯，玻璃棒，镊子，10 cm×10 cm 塑料薄膜等。

【实验试剂】

1. 含 NH_4^+ 的培养液：$(NH_4)_2SO_4$ 132 mg，$CaSO_4$ 136 mg，定容至 1000 mL ddH_2O。

2. 0.6% 溴甲酚紫：0.6 g 溴甲酚紫用少量 95% 乙醇溶解后，用 ddH_2O 定容至 100 mL。

3. 0.01 mol/L NaOH，0.01 mol/L HCl。

【实验步骤】

1. 显色基质的准备：取 50 mL 含 NH_4^+ 的培养液，加入 0.5 g 琼脂和 0.5 mL 0.6% 的溴甲酚紫指示液，在电炉上搅拌加热至沸腾。然后冷至 40℃ 左右时，用稀 NaOH 或稀 HCl 调 pH 至 6.0（暗红色）。

2. 显色：将琼脂 - 指示剂混合液倒入培养皿中，使之成为均一的薄层，冷却凝固后备用。取预先培养 7~10 d 的小麦幼苗（根长 10 cm 左右）1 株，用蒸馏水冲洗根系，于塑料薄膜（10 cm×10 cm）上展平，并用吸水纸吸干薄膜和根表的水分，贴于已凝固的琼脂 - 指示剂混合液上，轻压驱除气泡并使根系嵌入凝胶中。室温条件下 1 h 左右，pH 指示剂即显颜色变化。

【实验结果】

观察现象并解释结果：pH 指示剂不同颜色指示出不同根际部位的 pH。

【思考题】

1. 本实验中所用指示剂适用于何种 pH 环境下使用？

2. 本实验中应该注意的环节有哪些？

叶绿体色素及其理化性质

叶绿体色素是参与光合作用的主要内在条件，普遍存在于绿藻及高等植物的绿色细胞内，包括叶绿素、类胡萝卜素和藻胆素三大类。

一、叶绿体色素的提取

在类囊体膜上，叶绿素分子以其亲水部分（叶绿酸部分）与蛋白质结合，亲脂部分（叶绿醇部分）与类脂结合。利用叶绿体色素溶于机溶剂的特性，可以用有机溶剂（如乙醇、丙酮等）将叶绿体色素完整地提取出来。

【实验材料】
鲜菠菜叶片。

【实验设备】
研钵，25 mL 量筒，漏斗，玻璃棒，滤纸，试管等。

【实验试剂】
95% 乙醇或 80% 丙酮，$CaCO_3$，石英砂。

【实验步骤】
称取 5.0 g 鲜菠菜叶片，剪碎后放入研钵中，加入 5 mL 95% 乙醇及少许 $CaCO_3$ 粉末和石英砂研磨成匀浆，再加入 15 mL 95% 乙醇搅拌均匀，将研磨液用滤纸过滤至 25 mL 试管中，滤液即为叶绿体色素的粗提液，呈深绿色，内含叶绿素 a、叶绿素 b、胡萝卜素、叶黄素，以及其他脂溶性物质，保存此液备用。

二、叶绿素的荧光现象

组成分子的电子具有不同的能态，其中某些电子吸收了一定的光量子后，便从原来稳定状态（即基态）的能级跃迁到一个较高的能级（即激发态）。处于激发状态的电子称为激发态电子。叶绿体色素分子吸收光量子后，其分子内的电子跃迁而变为激发态电子。如果激发电子未被适当的接受体接受，则激发态电子便迅速回复到基态，同时释放出能量：其中少部分转变为热能而损失，绝大部分则释放出比原来吸收光的波长更长的荧光或磷光，如图 26-1 所示。因此观察到反射光（荧光）为暗红色，这种现象就称为荧光现象。当光透过叶绿体色素溶液时，其中的色素吸收了红光和蓝紫光，剩下的主要绿光，所以透射光为绿色。

【实验材料】
叶绿体色素提取液。

【实验设备】
光源（灯光或阳光），试管。

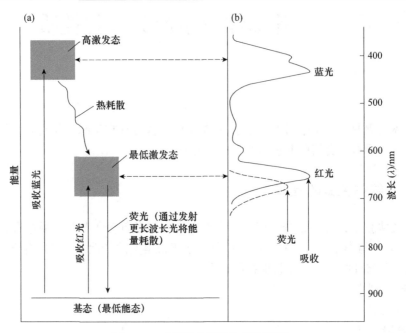

图 26-1　叶绿素的吸收和发射光谱

（a）能量水平示意图；（b）吸收光谱和发射光谱

【实验步骤与结果】

直接取含有叶绿体色素提取液的试管，分别观察反射光和透射光的颜色，记录并分析观察到的实验现象。

三、叶绿素的皂化作用

叶绿素是一种双羧酸的酯类物质，能与碱发生皂化反应而生成相应的叶绿酸盐和醇类物质，其化学反应如下：

盐的形成使叶绿素的亲水性大大加强，可溶于稀的乙醇溶液中。

$$C_{32}H_{30}ON_4Mg \Big\langle {\,COOCH_3 \atop \,COOC_{20}H_{39}} +KOH \longrightarrow C_{32}H_{30}ON_4Mg \Big\langle {\,COOK \atop \,COOK} +C_{20}H_{39}OH+CH_3OH$$

【实验材料】

叶绿体色素提取液。

【实验设备】

恒温水浴锅，试管等。

【实验试剂】

20%KOH- 甲醇溶液，苯。

【实验步骤与结果】

取 3 mL 叶绿体色素提取液，加入 1 mL 20% KOH- 甲醇溶液，充分摇匀。放置片刻后，加入 3 mL 苯，混合后沿试管壁慢慢加入 1 mL 蒸馏水，得到三层溶液，上层是苯溶液，下层是稀的乙醇溶液，试管底部同时出现白色沉淀，这是乳化现象。如果充分摇匀后再将试管放置在 30～40℃水浴中，乙醇层溶液很快清澈透明。观察记录苯层和乙醇层的颜色，分析其中溶解的叶绿体色素类型，并说明原因。

对照：另取 3 mL 叶绿体色素提取液，直接加入 3 mL 苯和 1 mL 蒸馏水。记录苯层和乙醇层的颜色，分析其中溶解的叶绿体色素，并说明原因。

四、叶绿素与类胡萝卜素的吸收光谱

由于叶绿素与类胡萝卜素的分子结构不同，它们的吸收光谱也不同。叶绿素吸收红光和蓝紫光，类胡萝卜素吸收蓝紫光。

【实验材料】

叶绿素和类胡萝卜素提取液。

【实验设备】

分光镜，光源，试管，有色铅笔等。

【实验步骤与结果】

首先调节分光镜，能在镜筒中清晰地观察到光源的连续光谱，然后分别观察叶绿素（皂化反应后的乙醇层溶液）和类胡萝卜素提取液（皂化反应后的苯层溶液）的吸收光谱。

将观察到的结果用不同颜色的笔绘图表示。

五、氢和铜对叶绿素中镁的取代作用

叶绿素分子的头部是卟啉环，镁离子位于卟啉环的中央。叶绿素分子不稳定，遇酸后，镁离子易被氢离子取代，在有其他重金属离子存在时，氢离子又易被其他重金属元素所取代。

【实验材料】

叶绿体色素提取液。

【仪器设备】

试管，酒精灯等。

【实验试剂】

浓盐酸、乙酸铜。

【实验步骤与结果】

取 5 mL 叶绿素提取液至试管中，加入 1 滴浓盐酸，摇匀，观察溶液颜色的变化，记录现象，分析原因。

另取 1 支试管，倒入一半上述变色的溶液，加入少许乙酸铜结晶，在酒精灯上徐徐加热，观察溶液颜色变化，记录现象，分析原因。

【思考题】

1. 用新鲜叶片提取叶绿体色素时，为什么要加入一定量的 $CaCO_3$？
2. 对着光源和背着光源观察时，叶绿素提取液的颜色为何不同？
3. 叶绿素和类胡萝卜素分子的吸收光谱有何区别？

叶绿体色素的分离——纸层析法

叶绿体色素中的各种色素化学结构不同，因而它们的物理化学性质如极性、吸收光谱、溶解度等也不同。叶绿素和类胡萝卜素是酯类化合物，不溶于水仅溶于己烷、石油醚等非极性溶剂中，可利用不同色素在各种有机溶剂中的分配系数及在吸附剂上被吸附程度的不同而将叶绿体色素分离开。

【实验材料】

浓叶绿体色素提取液（提取方法同前实验）。

【实验设备】

色层分析用滤纸，10 cm 直径的培养皿（底和盖的直径要求相同），直径 1 cm 的短玻管（长 1.5 cm），剪刀等。

【实验试剂】

汽油、苯。

【实验步骤与结果】

取一张色层分析滤纸，剪成方形，其边长略大于培养皿的直径，在其中心打一小圆孔。另取 1 小长条分析滤纸，将浓叶绿体色素提取液涂在滤纸条的一条长边上，并使所涂的色带尽量窄，使之风干；连续涂四五次，待风干后将滤纸条搓成 2 cm 的纸捻，并将点样端插入方形滤纸的中心，作为"灯芯"。

取大型培养皿一个，其中放一短玻管，管内盛有少量汽油约占玻管容积的 1/2～2/3，加入 1～2 滴苯。将上法制备的"灯芯"插入小玻管中，把培养皿盖好，放在弱光下或暗处。

用滤纸制成的"灯芯"借毛细管作用吸收溶剂，溶于溶剂中的色素随之向四周扩散，10～20 min 后可得到不同颜色的色素同心环：叶绿素 a 为蓝绿色，叶绿素 b 为黄绿色，叶黄素呈鲜黄色，胡萝卜素则为橙黄色。

在做好的色环滤纸片上注明色素种类名称，附在实验报告内。

【思考题】

指出纸层析上色素环各是什么色素？并说明为什么会出现这样的顺序。

叶绿素的定量测定

根据叶绿素对可见光的吸收光谱，利用分光光度计在某一特定波长下测定其光密度值，而后用公式计算出叶绿素含量，此法精确度高，且能在叶绿素提取混合液中分别测出叶绿素 a、b 的含量。

根据朗伯 - 比尔定律，某有色溶液的光密度 D 与其浓度 C 及液层厚度 L 成正比，即：

$$D = kCL$$

式中，k 为比例常数，当溶液浓度以质量百分浓度为单位，液层厚度为 1 cm 时，k 称为该物质的比吸收系数。

如果溶液中有数种吸光物质，则此溶液在某一波长下的总光密度值等于各组分在相应波长下光密度值的总和，这是光密度的加和性。

叶绿素 a、b 在红光区的最大吸收峰分别位于 663 nm 和 645 nm，在波长 663 nm 下，叶绿素 a、叶绿素 b 的 80% 丙酮溶液的比吸收系数分别为 82.04 和 9.27，在波长 645 nm 下分别为 16.75 和 45.6，可据此列出下列关系式：

$$D_{663} = 82.04C_a + 9.27C_b \tag{1}$$

$$D_{645} = 16.75C_a + 45.60C_b \tag{2}$$

解方程式（1）、（2）得：

$$C_a = 12.7D_{663} - 2.59D_{645} \tag{3}$$

$$C_b = 22.9D_{645} - 4.67D_{663} \tag{4}$$

式中，D_{663} 和 D_{645} 为叶绿素溶液在波长 663 nm 和 645 nm 时的光密度值；C_a 和 C_b 分别为叶绿素 a 和叶绿素 b 的浓度，以 mg/L 为单位。

将 C_a 与 C_b 相加，即得叶绿素总浓度 C_T。

$$C_T（mg/L）= C_a + C_b = 20.2D_{645} + 8.02D_{663} \tag{5}$$

另外，由于叶绿素 a、叶绿素 b 在 652 nm 处有相同的比吸收系数（均为 34.5），也可在此波长下测定一次光密度值（D_{652}）而求出叶绿素 a、b 的总浓度：

$$C_T（mg/L）= \frac{D_{652} \times 1000}{34.5} \tag{6}$$

【实验材料】

菠菜叶或其他植物新鲜叶片。

【实验设备】

分光光度计，天平，研钵，漏斗，烧杯，滤纸，试管，剪刀。

【实验试剂】

80% 丙酮，碳酸钙，石英砂等。

【实验步骤】

称取新鲜菠菜叶片 0.50 g，剪碎置研钵中，加少量碳酸钙和石英砂，并加入 2~3 mL 80% 丙酮，研磨成匀浆，再加入 10 mL 80% 丙酮，继续充分研磨，用少许丙酮湿润过的滤纸过滤，再用少量丙酮将滤纸和研钵上的色素冲洗干净，定容至 25 mL，摇匀。

吸取叶绿素丙酮提取液 2 mL 至试管中，加 80% 丙酮 2 mL 稀释后混匀，倒入比色杯中，以 80% 丙酮为空白对照，用分光光度计分别在波长 645 nm、663 nm 和 652 nm 下测定光密度值。

【实验结果】

按公式（3）、（4）、（5）、（6）分别计算叶绿素 a、叶绿素 b 浓度及总浓度（mg/L）。

再按下式分别计算叶绿素 a、叶绿素 b 及总叶绿素在叶片中的含量：

$$叶绿素含量（mg/g）= \frac{C \times 提取液总量 \times 稀释倍数}{样品重（g）\times 1000}$$

【思考题】

叶绿素 a、叶绿素 b 在蓝光区也有吸收峰，能否用这一吸收峰波长进行叶绿素 a、叶绿素 b 的定量分析？为什么？

实验二十九　植物叶绿素荧光参数的测定

扫一扫看视频

　　叶绿素以色素-蛋白质复合体形式存在，整合于类囊体膜上，其主要功能是在光合作用过程中吸收光能并将之传递给光反应中心。光能的转换主要指光反应中心（PS I 和 PS II）中的反应中心色素分子（P_{700} 和 P_{680}）吸收光量子后接着传给电子受体及后续的电子传递体，最终形成活跃的化学能 NADPH 的过程。目前已证明叶绿素荧光主要来自于 PS II 中 P_{680}，而与 PS I 中的 P_{700} 无关。叶绿素分子由基态跃迁至激发态后，会通过荧光发射、光能的转换和热耗散三种方式回到基态，这三种去激发途径之间存在如下关系：

$$荧光（F）＋光化学（P）＋热（D）＝1$$

　　因此，荧光测量是无损研究光合作用过程的重要手段。

　　OS-30p＋叶绿素荧光测量仪，采用调制-饱和-脉冲技术，测量时先将叶片暗处理一段时间，然后在饱和光强下暴露短暂时间，测量这段时间内荧光强度随时间变化的荧光动力学曲线，曲线的形状和瞬时值可以反映环境胁迫对光合效率的影响。测量的部分荧光参数如下：

　　F_o：最小（minimal）或本底（ground）荧光强度。表示已经暗适应的 PS II 中心全部开放时的荧光强度。

　　F_m：最大（maximum）荧光强度，表示已经暗适应的 PS II 中心全部关闭时的荧光强度，这时所有的光化学过程都最小。

　　F_v：最大可变（variable）荧光强度，$F_v＝F_m－F_o$，表示在光合过程中可能传递的光能。

　　F_v/F_m：经过充分暗适应的植物叶片 PS II 最大的量子效率指标，也被称为开放的 PS II 反应中心的能量捕捉效率。它是比较恒定的，没有遭受环境胁迫时，一般在 0.80～0.85 之间。

　　F_v/F_o：是 F_v/F_m 的另一种表达方式，也间接表示 PS II 反应中心的能量捕捉效率。

【实验材料】

正常生长及逆境（干旱）处理的植物（蚕豆、玉米、水稻、小麦等）。

【实验设备】

OS-30p＋便携式叶绿素荧光测定仪。

【实验步骤】

1. 选择正常生长的植物叶片，保持叶片清洁，使用暗适应叶夹夹住一个叶片，关闭叶夹上滑板，暗适应 30 min。

2. 打开 OS-30p＋叶绿素荧光测定仪，进入主菜单，选择 F_v/F_m—F_v/F_o 模式。

3. 设定调制光光强、饱和光光强和饱和脉冲宽度等参数。

4. 分别测量并记录对照及逆境处理植物的 F_o、F_m、F_v、F_v/F_m、F_v/F_o 等参数。

【实验结果】

根据全班数据，计算逆境处理及正常对照植物各荧光参数的平均值、标准误差，并做比较。

【思考题】

1．与正常生长的对照相比，逆境处理植物测得的 F_o、F_m、F_v、F_v/F_m、F_v/F_o 值有何差异？

2．根据实验结果说明逆境对植物光合作用的影响。

实验三十 CO₂红外线气体分析仪测定植物叶片的光合速率和CO₂补偿点

扫一扫看视频

气体样品中的 CO_2 浓度可以通过红外线技术进行较精确的定量测定。CO_2 对红外线有较强的吸收，红外线通过被测气体样品后，由于部分红外线被样品中的 CO_2 吸收，能量发生损耗，损耗的能量与样品中 CO_2 浓度成正比。因此，由测得的红外线能量变化的数值可计算出被测样品中 CO_2 的浓度，一般常用的红外线 CO_2 测定仪可自动完成这一换算，直接给出样品中 CO_2 浓度的数值。实验前后仪表上反映的 CO_2 浓度之差，即为植物光合作用时一定叶面积吸收 CO_2 的量，或呼吸作用时一定重量的植物所释放的 CO_2 的量。如果用闭路气路，在一定光照条件下进行实验，恒定后仪表上反映的 CO_2 的量为植物的 CO_2 补偿点。该方法也可用于测定植物呼吸速率。

红外线 CO_2 测定法在田间和室内都可以用，既可用于离体叶片，又可用于连体叶片，显示出较大的优越性，特别是随着技术的发展，内装微型计算机的便携式光合气体分析系统的出现，使它变得更加简便、迅速、准确，因此得到越来越广泛的应用。

【实验材料】
盆栽或大田生长的玉米、烟草叶片。

【实验设备】
1. YAXIN-1102 型光合蒸腾测定系统。

2. 叶室：叶室是放置待测植株或叶片的装置，叶室大小和形状根据材料的大小和形状而定。该仪器所用的叶室根据需要可进行选择，开路叶室类型如表 30-1 所示，闭路叶室有 1/4 L、1/2 L、1 L 和 4 L 等类型。

表 30-1　开路叶室的窗口大小

叶室类型	窗口大小（宽 mm × 长 mm）	窗口面积（cm²）
方型	25×25	6.25
宽长型	55×20	11
窄长型	65×10	6.5
小圆筒型	25×90	22.5
大圆筒型	50×70	35
圆型	直径 18	2.54

3. CO_2 浓度调节装置：测定光合强度时，一般只要引进外界环境气流即可，但由于气体流量的大小会影响叶室进气管首尾两端 CO_2 浓度差异的大小，因而要适当增加通气量。但通气量又不宜过大，应以提高 CO_2 定量装置的精确度为前提。可通过转子流量计来控制流量，使气流以 0.6 L/min 的流速进入主机。

4. 气路系统：根据测定方法的不同分为开路测量气路和闭路测量气路两种，分别如图 30-1 和图 30-2 所示。

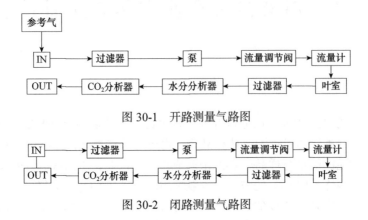

图 30-1　开路测量气路图

图 30-2　闭路测量气路图

【实验步骤】

1. 开机预热：按下"电源"开关键，这时 CO_2 分析器开始工作，预热 4 min。

2. CO_2 分析器调零：在 CO_2 分析器校准界面下，选择调零，按确认键。把碱石灰管两端标有"IN"和"OUT"的管子分别与面板上的"IN"和"OUT"接气嘴相连。按确认键继续，等待箭头所指显示的数字趋于稳定后（来回缓慢跳动几个数字），按确认键。此时，仪器已自动完成调零，CO_2 分析器零点已移位至 0 ppm（1 ppm＝10^{-6}）。至此调零完成，取下碱石灰管。

3. CO_2 分析器调满：在 CO_2 分析器校准界面下，选择调满，按确认键。此时把从已知浓度的 CO_2 标准气接出来的管子（对于压缩气必须用三通连接器，用以排放多余气体）接在仪器面板的"IN"接气嘴上。按确认键继续，用键盘设置气源浓度与已知浓度的 CO_2 标准气浓度一致，然后按确认键继续，等待显示器显示的数字趋于稳定后（来回缓慢跳动几个数字），按确认键，仪器保存调满后的参数，自动退到上级菜单，按下取消键，显示器回到主菜单。仪器自动完成调满，仪器满度自动地将 CO_2 浓度显示移位到标准气源浓度。至此调满完成。取下与面板上"IN"接气嘴相连的管子，关掉标准气开关阀门。

4. 测量：YAXIN-1102 型光合蒸腾测定系统具有开路、闭路两种测量方式。

（1）开路测量方式：准备参考气源的管子连接到面板上的"IN"接气嘴上，面板上的"OUT"接气嘴置空。把安装叶室的手柄上的两根标有"IN"和"OUT"管子，分别与面板上的"IN"和"OUT"接气嘴相连。然后把叶室手柄上的传感器电缆插头插到面板上的"手柄接线"插座上并拧紧。从主菜单上用上下键选择"开路测量"项，按确认键。开路测量有两种方式："手动测量"和"自动测量"。

① 开路手动测量：在开路测量界面下，选择手动测量，按确认键。参数设置：在此界面下，通过键盘操作可以对名称、流量设置、大气压力、叶面积进行设置。

A：名称设置：按左右键可左右移动光标，光标在字母位置时，按数字键，在屏幕右方显示该数字键上的字母和 1、2、3，接着按 1、2 或 3 即可选中对应字母。

B：其他设置：按左右键移动光标，按数字键可修改光标所在处的数据。最后按确认键完成。

注意：只能用左右键移动光标，此时上下键无用。

流量设置：出厂设置为 0.6 L/min。建议在 0.3～0.8 L/min 的范围内依据样品生理状况的不同而调整。当样品光合（呼吸）能力强时，可以调大流量，反之，则调小。

大气压力：出厂设置为海平面标准大气压。当测试地海拔超过 1000 m 时，要将当地的气压实测值输入仪器。

叶面积：当所选择的叶片面积大于叶室窗口面积时，直接输入叶室窗口的面积。当叶片面积小于窗口面积时，可将面积值设置为"1"，然后再另行测出其实际值，对相应的计算值做出订正。

把要测量的叶片夹到叶室上，按确认键开始，屏幕显示左半屏的参考气测量值，待参考气的各项数据相对稳定后按确认键，右半屏显示测量气的数据，等待各项数据相对稳定后按确认键，至此，此次测量结束。此时按确认键保存，按取消键跳过，不保存数据，以便决定是否继续测量。如要继续测量，则重复上述步骤即可，按取消可跳回主菜单。

② 开路自动测量：在开路测量界面下，用左右键移动光标，选择自动测量，按确认键，在此界面下，通过键盘操作可以对名称、流量设置、大气压力、叶面积进行设置。按确认键完成后。在此界面下，通过键盘操作可以对采样延迟（由于测量参气和叶室气交替进行中，气路切换后有一段换气时间，仪器停止采集这部分不稳定的气体，该段时间为采样延迟！采样延迟可在 15 s～4 min 间设置）、采样时间（为数据采集器采集数据的时间，即采样取平均的时间，在 10 s～4 min 间设置）、测量次数为测量叶片光合速率的次数，可对一叶片进行连续观测（1～99）进行设置。然后把要测量的叶片夹到叶室上，按确认键完成后。此后测量就是自动完成的，不需要人为的干预，直到设置的测量次数完成。

（2）闭路测量方式：把闭路管子两端分别连接到面板上的"IN"和"OUT"气嘴，并把手柄上的两根标有"IN"和"OUT"的管子分别与面板上的"IN"和"OUT"接气嘴相连，并把手柄上的传感器电缆插头插到面板上的"手柄接线"插座上并拧紧。在主菜单下，用上下键移动光标选择闭路测量。按确认键，进入闭路测量。

【实验结果】

开路系统的净光合速率 P_n[μmol/（m^2·s）]

$$P_n = -\frac{V}{60} \times \frac{273.15}{T_a} \times \frac{P}{1.013} \times \frac{1}{22.41} \times \frac{10000}{A} \times (C_o - C_i)$$

式中，V——体积流速（L/min），可设置；

T_a——空气温度（K），待测；

P——大气压力（bar），当地的大气压值；

A——叶面积（cm^2），设置为叶室窗口面积；

C_o——出气口 CO_2 浓度（ppm），待测；

C_i——进气口 CO_2 浓度（ppm），待测。

闭路系统的净光合速率 P_n[μmol/（m^2·s）]

$$P_n = -\frac{V}{\Delta t} \times \frac{273.15}{T_a} \times \frac{P}{1.013} \times \frac{1}{22.41} \times \frac{10000}{A} \times (C_o - C_i)$$

式中，V——叶室容积（L），可设置，不同型号叶室容积不同；

Δt——间隔时间（s），待测；

T_a——空气温度（K），待测；

P——大气压力（bar），当地的大气压值；

A——叶面积（cm^2），设置为叶室窗口面积；

C_o——终止时 CO_2 浓度（ppm），待测；

C_i——初始时 CO_2 浓度（ppm），待测。

【注意事项】

1. 没有稳定的参考气源时，可用一个大的缓冲瓶代替，比如一个装过纯净水的大塑料桶，但其内部一定要干燥，在桶的细颈上罩一个纸杯，杯底捅一个小洞，这样就做成一个很好的缓冲瓶，但在罩纸杯之前要摇晃桶防止其内部 CO_2 浓度与外界相差太大。另外 3 m 以上高度的空气也比较恒定，因此可以用一根管子将 3 m 以上高度的空气与仪器面板上的"IN"接气嘴相连。

2. 流量调节必须在 CO_2 分析器调零时进行。这是因为电磁阀在切换到不同路径时对气流的阻力不同，而 CO_2 分析器调零时的流量值与计算的流量值相同（电磁阀状态相同）。此外流量计读数时应该垂直放置。

3. 仪器在进行测量时必须平放。仪器内部无论气路还是电路绝对不允许进水。另外在田间测量时要避免在多尘的条件下测量。

4. 当叶片被从黑暗中转移到光下或从弱光下转移到强光下时，叶片的光合作用需要经过一个或长或短的诱导期才能达到光合速率较高的稳态。因此，只有在 CO_2 测 / 终值显示器显示的 CO_2 浓度值相对稳定后，才可读数。

5. 叶室的窗口与手柄的光量子传感器应处于同一光照条件下，使得测到的光合有效辐射与所测叶片的真实情况一致。

【思考题】

在大田试验中，取材和测量顺序等方面应该注意一些什么问题？

植物光合、呼吸与蒸腾参数的测定——便携式光合作用测定仪

光合作用是植物利用光能将二氧化碳同化为碳水化合物的过程，是植物体内最重要的生命活动过程，也是地球上最重要的化学反应过程。LI-6400XT 测定系统不仅可用于研究植物光合作用，还可用于叶绿素荧光、植物呼吸、植物蒸腾、群落光合及土壤呼吸等多项指标的测定，这些功能的完美集成使得 LI-6400XT 成为引领生理生态学研究领域重要的必不可少的基础研究设备。其主要测量参数包括：净光合速率、气孔导度、蒸腾速率、胞间 CO_2 浓度、大气 CO_2 浓度、光量子通量密度、叶温、空气相对湿度等。

【实验材料】

三叶期玉米苗。

【实验设备】

LI-6400XT 仪器（图 31-1）：主机，电缆线，分析器，电池及充电器，6400-02B 红蓝光源叶室。

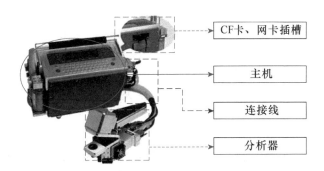

图 31-1 LI-6400XT 仪器

【实验试剂】

无。

【实验步骤】

1. 硬件连接

根据实验设计，选择合适的叶室（如标准叶室、狭长叶室、针状叶室、簇状叶室、红蓝光源等），正确连接硬件（图 31-2），注意电缆线的圆形接头与分析器端相连时，红点相对，直插直拔，切记不可旋转。该实验中测量玉米的生理指标，所以选用红蓝光源叶室。

2. 开机预热

预热 15~20 min，在此过程中，可以做一些仪器的简单检查：开机时将两个化学药品管拧到完全 Bypass 位置。

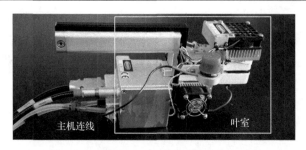

图 31-2　LI-6400XT 仪器叶室与主机的连接

（1）检查温度

检查 h 行三个温度值 Tblock，Tair 和 Tleaf，是否合理，且彼此相差应该在 1℃ 以内；温热电偶的位置是否正确，直接测量叶片温度时，叶温热电偶的结点位置应高于叶室垫圈约 1 mm，保证夹叶片时能与叶片充分接触；如果使用能量平衡方法测量叶片温度，则叶温热电偶的结点位置应低于叶室垫圈 1 mm，确保夹叶片时，接触不到叶片。

（2）检查光源和光量子传感器

检查光源是否工作，且工作正常。按 2，f5，设置光强，查看参数 g 行 ParIn 值和设置是否一致（无光源该检查忽略）；检查 g 行 ParIn_μm 和 ParOut_μm 传感器是否有响应（遮光和挡光的区别）。

（3）检查大气压传感器

检查 g 行 Prss_kPa 值是否合理。一般在海平面大气压值约 100 kPa，海拔 300 m 大气压约为 97 kPa，随天气变化，大气压可能会有 1～2 kPa 的变化。

（4）检查叶室混合扇

在测量菜单中，按 2，f1，按字母 O 关闭，或按 5/F 打开叶室混合扇，将分析器头部放到耳朵旁边，听分析器头部声音是否随着风扇关闭、打开有变化，如果有变化，表示正常，检查后恢复到 FAST 状态。

（5）检查是否存在气路堵塞

第一步，在测量菜单中，按 2，f2，设定流速 Target 为 1000，检查 b 行 flow 能否达到 650 以上（该值为标准大气压下的参考值，海拔升高后，该值会有所下降），如果都能达到，则说明气路在 Bypass 状态下没有堵塞；第二步，分别将药品管调节旋钮从 Bypass 一侧完全旋到 Scrub 一侧，检查其流速下降是否大于 20（先拧苏打管，检查流速变化情况；再拧干燥管，检查流速变化情况）；如果大于 20，同时在拧化学药品管时，伴随有较大噪声，则相应药品管存在气路堵塞（检查后将流速调回至 500，药品管保持 Scrub 状态）。

3. 化学药品管的正确位置

①利用缓冲瓶保证进气稳定的非控制 CO_2 环境实验，两个化学药品管均在完全 Bypass 位置；②使用 CO_2 注入系统来给系统提供 CO_2 气体，则苏打管在完全 Scrub，干燥管应在完全 Bypass。

4. 新建一个文件名或打开已有文件名的操作

新建文件名步骤：在主菜单界面（图 31-3a）进入 f4（New Msmnts），界面如图 31-3b；按 f1（Open LogFile）定义一个文件名，如输入 test（如图 31-3c），文件名可以保存到当前默认的 User 下，也可以通过按 f1（Dir）重新定义路径（如图 31-3d），按上箭头选中 Flash，将文件保存到 Flash（主机箱后槽安装有 CF 卡时）下。无论保存在 User 下还是 Flash 下，回车，完成此步骤，界面如图 31-3e，出现添加或编辑一个 Remark 的提示，输入需要进一步提示的内容，也可以不输直接回车，完成文件名的新建，界面进入准备测量界面，如图 31-3f。

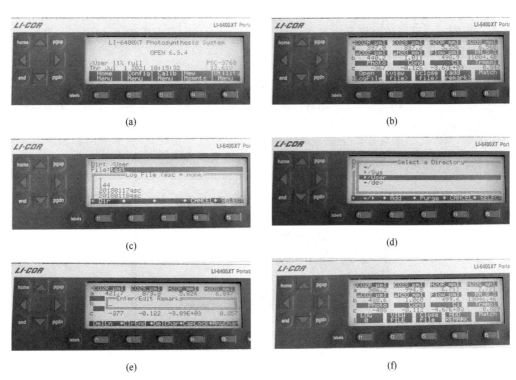

图 31-3 光合作用测定仪各界面

5. 环境控制功能行的设定

根据用户自己的实验设计，来确定相应的设置，主要是针对第二功能行的设定，如图 31-4。

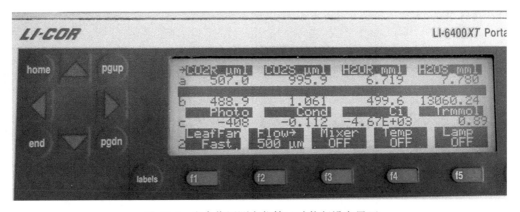

图 31-4 光合作用测定仪第二功能行设定界面

（1）LeafFan 通常默认为 Fast 状态，即保持叶室混合扇快速转动。

（2）Flow 一般为 500，只有遇到小叶片或低光合速率的测量时，可以将 Flow 调低到 200 以上。

（3）Mixer 的状态，取决于是否使用注入系统，如果没有使用注入系统，则 Mixer 保持 off 状态，如果使用，则根据实验设定 CO_2 浓度，如图 31-5a 所示，可以控制参照室 R 的 CO_2 浓度，也可以控制样品室 S 的 CO_2 浓度（图 31-5b）；点击 Eidt 对 Target 进行编辑设定，见图 31-5c，具体浓度由实验设计决定。

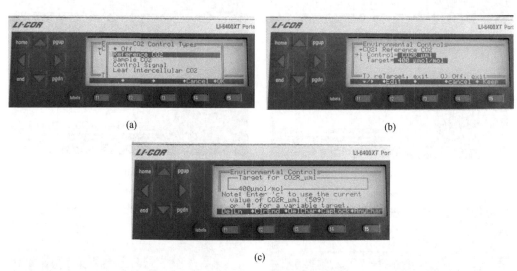

图 31-5　CO_2 浓度设定界面

（4）Temp，一般为 OFF 状态，只有做控温试验时，进行设定，但是控温之前一定要首先查看参数行 h 的值，如图 31-6a，了解当前测定环境的温度，在不使用 6400-88 控温模块时，LI-6400XT 可控制环境温度的正负 6℃以内。

（5）Lamp，只有使用光源，并进入相应的配置文件时才有效。在功能行 2，f5 下，lamp 默认为 Off，根据实验设定，进行控光，按下箭头选中 PAR，选中 OK 后对 Target 进行光强设定。

图 31-6　控温设定界面

6. 夹入叶片，确保进气浓度稳定，且不漏气，进行匹配

注意：进气 CO_2 浓度（CO_2R）必须稳定，缓冲瓶越大越好；在仪器不漏气的情况下（CO_2S 稳定）无论夹叶片或未夹叶片，任何时候均可进行匹配 match，测量过程中，应经常匹配。匹配时，按下 1 功能行的 f5，界面如图 31-7 依次所示：match 第一界面，气路改变，f5 变为 match IRGAs，继续按 f5 后见到第二界面，提示是否漏气，只要 CO_2 浓度改变 3 μmol/L 以上均会出现提示，但多为假报警，继续按下 f5（match IRGAs）（第三界面），进行匹配；则实现 CO_2R 和 CO_2S 相等，完成匹配；按两次 Esc 退出匹配界面即可。

图 31-7　匹配界面

7. 等待数据稳定后，按功能行 1 的 f1（Log）记录数据

判断标准：进气浓度稳定，不漏气；参数行 c 行的 Cond、Ci、Tr 均为正值，且 Cond 多数在 0～1 之间；其次，查看 Photo 值稳定在小数点后一位，且不再向一个方向一直增加或降低，即为稳定。计数后，一次测定完成，更换被测叶片，Remark 可输可不输，方法依上。

8. 查看数据

在功能行 1 的 f2 为查看数据控制区，按下 f2，如图 31-8a，再按 f3（View Data），出现图 31-8b 所示界面，以 D 这种格式的数据为成列排列，按字母 D，查看数据。

9. 测定完成关闭文件，或在同一文件名下继续添加 Remark，进行测定

如果完成了测定，直接按功能行 1 的 f3（CloseFile），关闭文件，结束本次测量，并保存了数据，见图 31-9；如果想继续在同一文件名下添加 Remark，则按功能行 1 的 f4（Add Remark），继续添加一个标注，开始新一轮的测定，最后再关闭文件。

【实验结果】

数据传输方式如下。

方法一：CF 卡的数据，可以用读卡器导出，也可以用方法三 RS-232 数据线导出。

方法二：网线方式导出，取出数据卡，插入网络适配器，连接网线到电脑，在电脑上预先安装 LI-6400XTerm 软件，双击打开该图标后，连接机器，打开 Windows 下的 File，右面窗口选择 User 下的数据，左面窗口选择计算机的存储位置，拖动右面窗口数据到指定位置即可。

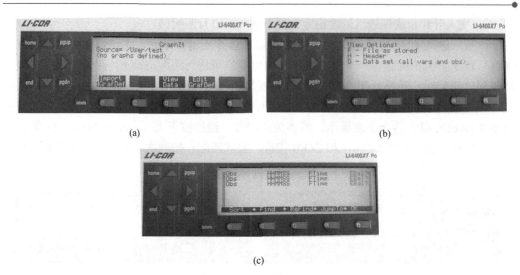

(a)   (b)

(c)

图 31-8　查看数据界面

按住 Shift 键和右箭头，可以快速查看各列数据

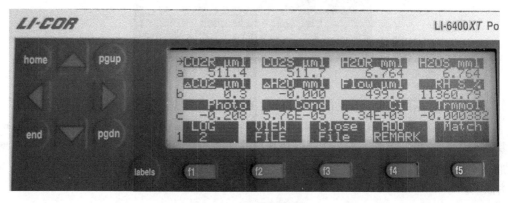

图 31-9　数据保存界面

　　方法三：利用常规的文件交换模式（File Exchange Mode）导出数据，这种方法的优点是可以同时导出 CF 卡和主机内的数据，但速度稍慢。方法如下：首先用 RS232 数据线连接电脑和 LI-6400XT；在仪器主界面，按 f5（Utility Menu），找到 Communication，按 f1 拉开，按下箭头选择"File Exchange Mode"，回车，LI-6400XT 主机保持这种交换模式的状态；在电脑上预先安装 SimFX 软件，双击打开 LI6400FileEx，点击 File，选择 Prefs，选择 Com 端口（可右键点击我的电脑→查看硬件→属性→设备管理器，找到对应的 COM 口）按 Connect，连接成功后，整个对话框的左侧为电脑文件管理器界面，右侧为 LI-6400XT 主机文件存储界面，从 LI-6400XT 的 User 文件或 Flash 文件下，将准备导出的数据选中，直接拖到左侧电脑的某一个文件夹内即可，完成数据传输。

　　输出结果类似图 31-10。

```
OPEN 6.2.4
Sun Aug 21 2016 09:21:25
Unit= PSC-3768
LightSou 6400-02 <      1   0.16
A/D AvgT1        4
Config= /User/Configs/UserPrefs/2x3 LED.xml
Remark= sel-1

Obs  HHMMSS  FTime  EBal? Photo  Cond     Ci      Trmmol  VpdL     CTleaf   Area  BLC_1  StaRat  BLCond  Tair     Tleaf    TBlk     CO2R     CO2S     H2OR     H2OS     RH_R     RH_S
in     in    in      in   out    out      out     out     out      out      in    out            out     in       in       in       in       in       in       in       in       in
    1 09:22:28  86.5     0 33.93013 0.26395 144.6952 3.98477 1.587843 32.02455   6  1.42      1    2.84 31.62575 32.02455 31.64814 416.0027 373.4954 27.23811 31.86802 58.39445 68.320
    2 09:22:30  88       0 33.83584 0.264108 145.437 3.986972 1.587827 32.02901   6  1.42      1    2.84 31.63565 32.02901 31.65714 415.9135 373.5071 27.2466T 31.88031 58.37988 68.308
    3 09:22:31  89.5     0 33.89673 0.264327 145.1349 3.99144 1.588393 32.03492   6  1.42      1    2.84 31.64592 32.03492 31.66775 415.9191 373.4309 27.25082 31.89037 58.35516 68.290
Remark=  '09:23:2
Remark=  0 se2-1'

    4 09:23:51  169      0 37.20741 0.50593 223.2221 6.293586 1.407403 32.43049   6  1.42      1    2.84 32.14182 32.43049 32.17712 413.0111 365.5924 27.48513 34.77615 57.22527 72.405
    5 09:23:52  170      0 37.22682 0.506827 223.3342 6.306622 1.408173 32.438     6  1.42      1    2.84 32.14748 32.438 32.18338 413.0255 365.5715 27.48219 34.78919 57.20076 72.409
    6 09:23:52  171      0 37.21559 0.507677 223.5417 6.320909 1.409343 32.44582   6  1.42      1    2.84 32.15372 32.44582 32.18956 412.9976 365.5491 27.4751 34.79888 57.16613 72.404
Remark=  '09:24:29 sel-1'
Remark=  '09:26:4
Remark=  2 se3-1'

    7 09:28:05  423      0 30.1776 0.194865 101.2702 3.885019 2.044379 33.79959   6  1.42      1    2.84 33.30684 33.79959 33.36844 409.5565 371.596 27.80794 32.32107 54.22106 63.020
    8 09:28:05  424      0 30.24923 0.195733 101.6568 3.897607 2.042475 33.79707   6  1.42      1    2.84 33.30943 33.79707 33.37162 409.5537 371.5005 27.80491 32.33279 54.20707 63.034
    9 09:28:18  436.5    0 30.45657 0.201772 106.8223 3.997311 2.036006 33.7975    6  1.42      1    2.84 33.34001 33.7975 33.399 409.4094 371.0616 27.75469 32.39848 54.01666 63.05
   10 09:28:53  471      0 30.61168 0.204599 109.1895 4.057333 2.039588 33.854     6  1.42      1    2.84 33.43774 33.854 33.521 409.9877 371.441 27.81969 32.52962 53.84513 62.963
```

图 31-10　数据输出结果

Photo：净光合速率；Cond：气孔导度；Ci：胞间 CO_2 浓度；Trmmol：蒸腾速率；Area：测量面积；BLC_1 和 BLCond：边界层导度；Tair：样品室空气温度；Tleaf：叶片温度；TBlk：冷却模块温度；CO_2R：参比室 CO_2 浓度；CO_2S：样品室 CO_2 浓度；H_2OR：参比室 H_2O 浓度；H_2OS：样品室 H_2O 浓度；RH_R：参比室相对湿度；RH_S：样品室相对湿度；Press：大气压

【思考题】

1．光合测定仪测定植物叶片时所能提供哪些参数?

2．简述光合测定过程中的注意事项。

实验三十二　离体叶绿体的光还原反应——希尔反应

绿色植物的光合作用是叶绿体吸收光能，将 CO_2 固定还原，同时放出 O_2 的反应。希尔反应（Hill reaction）是绿色植物的离体叶绿体在光下分解水，放出氧气，同时还原电子受体的反应。

氧化剂 2,6-二氯酚靛酚（2,6-D）是一种蓝色染料，接受电子和 H^+ 后被还原成无色，在一定的反应系统中，在光下叶绿体能将 2,6-D 还原，从蓝色到无色，可以直接观察颜色的变化，也可用分光光度计，对还原量进行精确测定，表示叶绿体的还原能力。本实验用离体的完整叶绿体，在光照条件下，还原 2,6-D，放出 O_2，以证实希尔反应的存在和叶绿体的还原机能。

$$A + H_2O \xrightarrow[\text{叶绿体}]{\text{光}} AH_2 + \frac{1}{2}O_2$$

A 表示希尔氧化剂，如 2,6-D 或高铁盐。

氧化型 2,6-二氯酚靛酚（蓝色）　　还原型 2,6-二氯酚靛酚（无色）

【实验材料】
菠菜叶。

【实验设备】
离心机，三角瓶，烧杯，纱布，研钵，玻璃棒，试管，台灯（100 W 灯泡），锡箔纸，温度计，752 型分光光度计等。

【实验试剂】
1. 提取用缓冲液：内含 0.05 mol/L Tris 缓冲液（pH 7.5），0.4 mol/L 蔗糖，0.01 mol/L NaCl。

2. 2,6-D 溶液（用上述提取用缓冲液配制 0.1% 2,6-D 溶液）。

【实验步骤】
1. 取 12 g 新鲜菠菜叶，洗净擦干，去中脉剪碎放入置入冰中的研钵里，加 10 mL 预先冷冻的提取液，迅速研磨破碎细胞，再用约 10 mL 冷冻提取液混匀，将悬浮液通过三层纱布过滤，得粗悬浮液。取试管两支，每支试管中加入叶绿体悬浮液 5 mL，加 0.1% 2,6-二氯酚靛酚溶液 5 或 6 滴，摇匀。将其中一支试管置于直射光下，另一支试管置于暗处，注意日光下的试管中液体颜色变化。5～8 min 后，将置于暗处的试管取出，比较两试管溶液颜色变化，并解释原因。

2. 同步骤1制备粗悬浮液，装入一20 mL离心管中，1000 r/min离心3～5 min，弃去沉淀（未破碎的细胞及组织残渣），上部溶液再于3000 r/min离心7～8 min，弃去清液（破碎的叶绿体及细胞的其他小颗粒部分），将含有完整叶绿体的沉淀悬浮于约20 mL提取液中，在752型分光光度计上，660 nm处测定其吸光值，调整吸光值至1左右（用提取液）。

3. 取三支大试管，分别编好号码，二号管包上锡纸（或黑纸，不能透光），各加入4.5 mL提取用的缓冲液及0.5 mL叶绿体悬浮液，搅拌均匀。将其中一号管于沸水浴上煮沸15 min，冷却至室温，再分别向三支试管中各加入5 mL 2,6-D溶液，搅匀，三支试管的悬浮液同时在比色计上620 nm处比色读数，以蒸馏水为空白。

4. 将一只1000 mL的大烧杯盛满自来水，保持温度在20℃左右，距离台灯约1尺（1尺≈33.3 cm），使其与100 W灯泡成一直线，把三支试管放入上述烧杯中，开灯，分别光照1 min、3 min、5 min、7 min、10 min、15 min，每次光照后进行比色，记下吸光值读数。以后每隔10 min（光照）比色一次，至半小时为止。在每次比色前均要用玻璃棒搅匀，使叶绿体充分悬浮。

5. 以吸光值为纵坐标，时间（min）为横坐标，将实验结果绘成曲线，分析三种处理的结果。

【思考题】

1. 试管中蓝色褪色的原因是什么？与光照有什么关系？

2. 叶绿体光还原机能的真实值，应以二号管的吸光值减去三号管的吸光值表示，为什么？

核酮糖 -1，5- 二磷酸羧化酶 / 加氧酶羧化活性的测定

核酮糖 -1, 5- 二磷酸羧化酶 / 加氧酶（Rubisco 或 RuBPCase，EC 4.1.1.39）是第一个在叶绿体中参与 CO_2 转变为碳水化合物的关键酶，也是叶绿体中最丰富的可溶性蛋白质。Rubisco 在 Calvin 循环中催化 CO_2 的固定，生成 2 分子的 3- 磷酸甘油酸，同时它也是一个双功能酶，也能催化将氧气加在核酮糖 -1, 5- 二磷酸的 C-2 位置上生成 1 分子的磷酸乙醇酸和 1 分子的 3- 磷酸甘油酸，这两个反应的速率由 O_2 和 CO_2 浓度调节。可通过分光光度法测定该酶的羧化能力。

在核酮糖 -1, 5- 二磷酸羧化酶的催化下，1 分子的核酮糖 -1, 5- 二磷酸（RuBP）与 1 分子的 CO_2 结合，产生 2 分子的 3- 磷酸甘油酸（PGA），PGA 在外加的 3- 磷酸甘油酸激酶和甘油醛 -3- 磷酸脱氢酶的作用下，产生甘油醛 -3- 磷酸，并使还原型辅酶 I（NADH）氧化，具体反应如下：

$$RuBP + CO_2 + H_2O \xrightarrow[Mg^{2+}]{RuBPCase} 2PGA$$

$$PGA + ATP \xrightleftharpoons{磷酸甘油酸激酶} 甘油酸 -1, 3- 二磷酸 + ADP$$

$$甘油酸 -1, 3- 二磷酸 + NADH + H^+ \xrightleftharpoons{甘油醛 -3- 磷酸脱氢酶} 甘油醛 -3- 磷酸 + NAD^+ + Pi$$

1 分子 CO_2 被固定，就有 2 分子还原型辅酶 I 被氧化。因此，由辅酶 I 氧化的量就可计算 RuBPCase 的活性，可以用紫外分光光度计在 340 nm 处测还原型辅酶 I 氧化的量来计算酶活力。

为了使 NADH 的氧化与 CO_2 的固定同步，需要加入磷酸肌酸（Cr～P）和磷酸肌酸激酶的 ATP 再生系统。

$$ADP + Cr\sim P \xrightarrow{磷酸肌酸激酶} ATP + Cr$$

【实验材料】
菠菜叶片（或小麦及水稻叶片）。

【实验设备】
紫外分光光度计，冷冻离心机，匀浆器，计时器，纱布等。

【实验试剂】
1. 5 mmol/L NADH。
2. 25 mmol/L RuBP。
3. 0.2 mol/L $NaHCO_3$。
4. RuBPCase 提取缓冲液：40 mmol/L Tris-HCl 缓冲液（pH 7.6），含 10 mmol/L $MgCl_2$、0.25 mmol/L EDTA、5 mmol/L 谷胱甘肽。
5. 反应液：100 mmol/L Tris-HCl 缓冲溶液（pH 7.8），含 12 mmol/L $MgCl_2$ 和 0.4 mmol/L

EDTA-Na$_2$。

6. 160 U/mL 磷酸肌酸激酶溶液。

7. 160 U/mL 甘油醛 -3- 磷酸脱氢酶溶液。

8. 50 mmol/L ATP 溶液。

9. 50 mmol/L 磷酸肌酸溶液。

10. 160 U/mL 磷酸甘油酸激酶溶液。

【实验步骤】

1. 酶粗提液的制备

取新鲜菠菜叶片 10 g，洗净擦干，放入匀浆器中，加入 10 mL 预冷的提取缓冲液，高速匀浆 30 s，停 30 s，交替进行 3 次；匀浆经 4 层纱布过滤，滤液于 20 000 g 4℃下离心 15 min，弃沉淀；上清液即酶粗提液，置 0℃保存备用。

2. RuBPCase 活力测定

按表 33-1 配制酶反应体系。

表 33-1 酶反应体系各成分

试剂	加入量（mL）	试剂	加入量（mL）
5 mmol/LNADH	0.2	反应液	1.4
50 mmol/LATP	0.2	160 U/mL 磷酸肌酸激酶溶液	0.1
酶提取液	0.1	160 U/mL 磷酸甘油酸激酶溶液	0.1
50 mmol/L 磷酸肌酸	0.2	160 U/mL 甘油醛 -3- 磷酸脱氢酶溶液	0.1
0.2 mol/L NaHCO$_3$	0.2	蒸馏水	0.3

将配好的反应体系摇匀，倒入比色杯内，以蒸馏水为空白，在紫外分光光度计上 340 nm 处反应体系的吸光值作为零点值。将 0.1 mL RuBP 加于比色杯内，并马上计时，每隔 30 s 测一次吸光值，共测 3 min。以零点到第 1 min 内吸光值下降的绝对值计算酶活力。

由于酶提取液中可能存在 PGA，会使酶活力测定产生误差，因此除上述测定外，还需做一个不加 RuBP 的对照。对照的反应体系与上述酶反应体系完全相同，不同之处只是把酶提取液放在最后加，加后马上测定此反应体系在 340 nm 处的吸光值，并记录前 1 min 内吸光值的变化量，计算酶活力时应减去这一变化量。

【实验结果】

$$RuBPCase \text{ 的酶活力} \left[\mu mol/(mL \cdot min) \right] = \frac{\Delta A \times N \times 10}{6.22 \times 2d \times \Delta t}$$

式中，ΔA 为反应最初 1 min 内 340 nm 处吸光值变化的绝对值（减去对照液最初 1 min 的变化量）；N 为稀释倍数；6.22 为每 1 μmol NADH 在 340 nm 处的吸光系数；2 为每固定 1 mol CO_2 有 2 mol NADH 被氧化；Δt 为测定时间 1 min；d 为比色杯光程（cm）。

【思考题】

为什么加入 ATP 再生系统就可使 NADH 氧化与 CO_2 的固定同步？

呼吸强度可用单位质量的植物材料在单位时间内所释放的 CO_2 的量来表示。呼吸放出的 CO_2 被 $Ba(OH)_2$ 吸收生成 $BaCO_3$ 沉淀，用草酸滴定剩余的 $Ba(OH)_2$，并与空白滴定相比，根据草酸实际用量之差即可求出被测植物材料的呼吸强度。

【实验材料】

萌发的小麦或玉米种子。

【实验设备】

广口瓶（1000 mL），温度计，酸式滴定管，干燥管，尼龙网制成的小篮子等。

【实验试剂】

1. 0.7% 的 $Ba(OH)_2$（用开水配后，让其静置数小时）。

2. 1/44 mol/L 草酸溶液：$H_2C_2O_4 \cdot 2H_2O$ 2.8652 g 溶于 ddH_2O 中，定容至 1000 mL。

3. 1% 酚酞试剂：1 g 酚酞溶于 100 mL 95% 乙醇溶液中。

【实验步骤】

1. 取 1000 mL 广口瓶一个，装配一只二孔橡皮塞。一孔插入盛碱石灰的干燥管以吸收空气中的 CO_2，保证进入呼吸瓶的空气中无 CO_2；另一孔直径约 1 cm 供滴定用，滴定前用橡皮塞塞紧。瓶塞下面挂一尼龙窗纱制作的小篮子，用以盛实验材料，整个装置如图 34-1 所示。

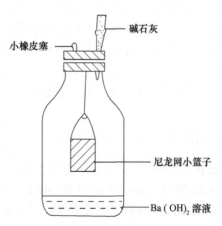

碱石灰

小橡皮塞

尼龙网小篮子

$Ba(OH)_2$ 溶液

图 34-1 小篮子法测定呼吸强度装置

2. 称取萌发的小麦种子或玉米种子 10 g，装于尼龙网小篮子内，将小篮子挂在广口瓶内，同时加入含有酚酞试剂的 0.7% 的 $Ba(OH)_2$ 溶液 20 mL 于广口瓶内，立即塞紧瓶塞。每 10 min 轻轻摇动广口瓶，破坏溶液表面的 $BaCO_3$ 薄膜以利对 CO_2 的充分吸收，半小时后，小心打开瓶塞，迅速取出小篮子，立即重新塞紧瓶塞，然后拔出小橡皮塞，用 1/44 mol/L 的草酸滴定，直到红色变为白色为止，记录滴定所用草酸的量。

3. 另取 1000 mL 广口瓶一只，按上步骤进行（不加种子），作为对照。

【实验结果】

$$呼吸强度 = \frac{(V_0 - V_1) \times M \times CO_2 \text{摩尔质量}}{\text{植物组织质量（g）} \times \text{时间（h）}} \left[\text{mg/（g·h）} \right]$$

式中，V_0——空白滴定用草酸量（mL）；

V_1——植物样品滴定用草酸量（mL）；

M——草酸的浓度（mol/L）。

【思考题】

用小篮子法测定呼吸强度应注意哪些事项？此方法适宜测哪一类材料的呼吸强度？

植物呼吸酶的简易鉴定

呼吸作用是所有生物体中进行的基本过程，也是一系列的氧化还原作用过程，其中间步骤依赖于多种氧化和还原酶类的催化。根据它们的氧化还原特性，可选用特殊的底物或受氢体，反应后产生特殊的颜色，从而鉴定呼吸酶的存在与类型。

一、脱氢酶

脱氢酶是一类能催化有机物（如糖类、有机酸、氨基酸等）进行氧化还原反应的酶，是呼吸链中参加电子和氢传递的重要的酶，包括烟酰胺脱氢酶和黄素脱氢酶。还原型的脱氢酶能够以甲烯蓝为氢的受体，将其还原成无色的甲烯白，例如甲烯蓝在黄素酶作用下发生下列变化：

$$E\text{-}FADH_2 + 甲烯蓝 \longrightarrow E\text{-}FAD + 甲烯白$$
$$（黄素酶）（蓝色）\qquad\qquad（无色）$$

【实验材料】
马铃薯块茎。
【实验设备】
电磁炉，水浴锅，恒温培养箱，刀片，玻璃板，试管等。
【实验试剂】
0.025% 甲烯蓝溶液，液体石蜡。
【实验步骤与结果】
1. 取马铃薯块茎去皮，切成 20 块 5 mm 见方的小块，分成两组，分别放入两个试管中，其中一个试管煮沸 20 min，然后每个试管中各加入 0.025% 的甲烯蓝溶液，使液面高度超过组织块 3～5 cm，并在液面上各加一薄层液体石蜡，以阻止空气接触甲烯蓝。
2. 将试管放入 25℃温箱中，1 d 后观察结果。
3. 先分别观察 2 支试管中溶液及马铃薯块的颜色变化，再将试管中的液体石蜡及溶液弃去，取出管内的马铃薯小块，分别放在纸上暴露于空气中，观察颜色的变化，记录结果并说明原因。

二、多酚氧化酶

氧化酶能从代谢物上脱氢，并使其与氧直接结合，生成水或双氧水。如细胞色素氧化酶、抗坏血酸氧化酶、多酚氧化酶等。
多酚氧化酶是一类含铜的氧化酶，存在于质体和微体中，催化酚类物质氧化为醌类。
【实验材料】
马铃薯块茎，黄瓜，豌豆叶，洋葱，甘薯。

【实验设备】

电磁炉，水浴锅，刀片，玻璃板，试管等。

【实验试剂】

1.5% 邻苯二酚溶液：1.5 g 邻苯二酚溶于蒸馏水中定容至 100 mL。

【实验步骤与结果】

1. 取少量去皮的新鲜马铃薯在玻璃板上切碎。

2. 取 2 支试管，分别加入适量马铃薯碎块，其中一个先煮沸数分钟，然后各加入 10 滴新鲜配制的 1.5% 邻苯二酚溶液，观察、记录实验现象，分析原因。

另用黄瓜、豌豆叶、洋葱、甘薯重复上述实验，如果其中有不能立刻使邻苯二酚氧化的材料，则继续用此材料做下面的过氧化物酶的鉴定实验。

三、过氧化物酶

过氧化物酶（peroxidase，POD）是含铁卟啉的蛋白，主要存在于过氧化物酶体中，可催化过氧化氢氧化酚类和胺类化合物。过氧化物酶与过氧化氢形成一种化合物，在这种化合物中的过氧化氢被活化，从而能氧化酚类化合物，其作用如同氢的受体。

【实验材料】

多酚氧化酶实验中不能使邻苯二酚氧化的植物材料。

【实验设备】

电磁炉，水浴锅，刀片，玻璃板，试管等。

【实验试剂】

1.5% 邻苯二酚溶液，3% H_2O_2。

【实验步骤与结果】

取上面实验中不能使邻苯二酚氧化的植物材料，切碎，加到两个试管中，其中一个先煮沸数分钟，然后各加入 10 滴新鲜配制的 1.5% 邻苯二酚溶液和 5 mL 3% H_2O_2 溶液，观察、记录实验现象，分析原因。

另取 1 支试管，只加 H_2O_2 及邻苯二酚溶液，观察记录结果，说明原因。

四、过氧化氢酶

过氧化氢酶（catalase，CAT）也是含铁卟啉的蛋白，能催化过氧化氢分解为水和分子氧。

【实验材料】

马铃薯块茎。

【实验设备】

电磁炉，水浴锅，刀片，玻璃板，试管等。

【实验试剂】

3% H_2O_2，1.5% 邻苯二酚溶液。

【实验步骤与结果】

取新鲜马铃薯去皮，切成 5 mm 见方的小块，分为两组，分别放在 2 支试管中，其中一组煮沸 20 min，然后分别加入 5 mL 3% H_2O_2 溶液，观察、记录实验现象，分析原因。

几分钟后，在未经煮沸的试管中，加 10 滴新鲜的邻苯二酚溶液，记录结果并解释原因。

【思考题】

1. 过氧化物酶与氧化酶的作用有何不同？ 为什么在过氧化物酶的实验中必须加 H_2O_2 才能使邻苯二酚氧化？

2. 过氧化氢酶与过氧化物酶的作用有何不同？ 以方程式表示过氧化氢酶对 H_2O_2 的作用。

实验三十六　植物叶片中花青素相对含量的测定

花青素是一类广泛存在于植物体内的天然色素，属于类黄酮类化合物。由于具有吸光性质而使植物的果实、叶片、花朵等呈现红色、紫色、蓝色等颜色。影响花青素成色的因素主要有：花青素的结构、细胞液的 pH 等。在受到外界环境胁迫时，花青素的含量也会发生相应变化，因此花青素的含量也常作为植物受胁迫的指标之一。花青素是水溶性色素，在不同 pH 下呈现不同的颜色，在酸性溶液中为红色，且颜色深浅与花青素含量成正比，在 530 nm 处有最大吸收，可通过比色法测定其含量。本实验以拟南芥野生型（*Ler*）和花青素突变体（*ldox*）为材料，检测两者幼苗中花青素的相对含量。

【实验材料】

长日照条件下（16 h 光 /8 h 暗），在含 4% 蔗糖的 MS 培养基上，生长 7 d 的拟南芥野生型 *Ler* 和突变体 *ldox* 幼苗。

【实验设备】

分光光度计，恒温培养箱，三角瓶，剪刀，量筒，封口膜等。

【实验试剂】

0.1 mol/L 的 HCl。

【实验步骤】

1．称取野生型 *Ler* 和突变体 *ldox* 幼苗各 5 g。

2．用剪刀将幼苗剪碎，立即放入标记好的盛有 20 mL 0.1 mol/L HCl 的三角瓶中，封口膜密封。

3．将封好的三角瓶放 32℃ 温箱浸 4 h 以上，观察颜色变化并过滤。

4．取滤液于比色杯中，用分光光度计在 530 nm 处读取吸光值，以 0.1 mol/L 的 HCl 作为空白对照。每种材料各设置三个重复。

【实验结果】

1．记录实验过程中溶液的颜色变化。

2．将在 530 nm 处的吸光值 A_{530} 0.1 定义为一个花青素单位，用于比较花青素的含量。即用所测吸光值乘以 10 来代表花青素的相对浓度单位。

$$花青素的相对浓度＝10×A_{530}/m× 稀释倍数$$

式中，A_{530} 为样品在 530 nm 下的吸光值；m 为样品的质量（g）。

【思考题】

1．在强光和弱光下生长的器官，花青素的含量有何不同？为什么？

2．植物组织中花青素的含量受到哪些胁迫的影响？花青素的合成有无组织特异性？

实验三十七 种子生活力的快速鉴定

一、溴麝香草酚兰（BTB）法

凡有生活力的种子能不断地进行呼吸作用，吸收空气中的 O_2，同时放出 CO_2，CO_2 溶于水生成 H_2CO_3，H_2CO_3 不稳定解离成 H^+ 和 HCO_3^-。由于 H_2CO_3 不断解离，就使周围介质酸度逐步增加。用 BTB 测定出酸度的改变。BTB 的结构式如图 37-1。

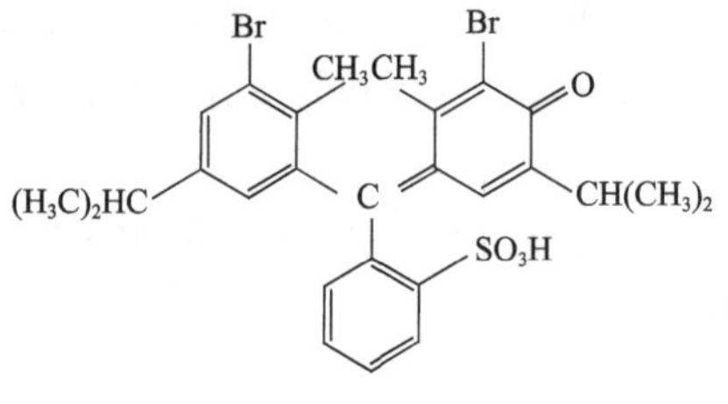

图 37-1　BTB 的结构式

它的变色范围为 pH6.0～7.6 之间，它在酸性介质中呈黄色，在碱性介质中呈蓝色，中间经过绿色（变色点为 pH7.1）。

【实验材料】
玉米或小麦种子。

【实验设备】
恒温培养箱，培养皿，镊子，滤纸，烧杯，漏斗，电炉，50 mL 量筒等。

【实验试剂】
1. 1% BTB 溶液：称取 BTB 0.1 g，溶解于煮沸过的自来水中，然后用滤纸滤去残渣。滤液若呈黄色，可加数滴稀氨水，使之变为蓝色或蓝绿色，此液长期贮存于棕色瓶中。
2. 25% BTB 琼脂凝胶：取 0.1% BTB 溶液 40 mL 置于烧杯中，另称取 0.5 g 琼脂加入杯中，用小火（电炉）加热并不断搅拌。待琼脂完全溶解，稍稍冷却即可趁热倒入 9 cm 培养皿中，使之成一均匀的薄层，完全冷却后备用。

【实验步骤】
1. 浸种：将待测种子在 30～35℃温水中浸种 5 h 左右，以增强种胚的呼吸强度。
2. 显色：取吸胀种子 10 粒，整齐地埋于备好的琼脂凝胶中，注意要将胚埋入凝胶中。将培养皿置于 35℃温箱中 1 h 可见结果，2 h 以上结果更为明显。观察种胚周围琼脂颜色的变化，判断种子有无生活力，记录并分析实验结果。

【实验结果】
逐一数出有生活力的种子粒数，并计算出有生活力种子的百分率。

二、氯化三苯基四氮唑（TTC）法

有生命活力的种胚呼吸过程中不断进行氧化还原反应，脱下的氢使辅酶（NAD 或 NADP）还原。当 TTC 渗入种胚的活细胞内，作为氢的受体被还原性辅酶（NADH＋H^+ 或 NADPH＋H^+）上的氢还原时，便由无色的氯化三苯基四氮唑（TTC）变为红色的三苯基甲䐶（TTF）。

$$C_6H_5 - C \underset{N = N^+ - C_6H_5}{\overset{N - N - C_6H_5}{<}} Cl^- \xrightarrow{\ +2H\ } C_6H_5 - C \underset{N = N - C_6H_5}{\overset{N - \overset{H}{N} - C_6H_5}{<}} + HCl$$

TTC (无色)　　　　　　　　　　　　　TTF (红色)

【实验材料】

小麦或玉米种子。

【实验设备】

恒温培养箱，培养皿，刀片，镊子等。

【实验试剂】

0.1%TTC 溶液：称取 0.1 g TTC 先加少量 95% 乙醇溶解后加蒸馏水至 100 mL。

【实验步骤】

1. 浸种：同 BTB 法。

2. 显色：取吸胀种子 10 粒，用刀片沿种子胚的中心纵切为两半，每粒种子其中的一半，放在培养皿内，加入适量 0.1%TTC 溶液，浸没种子，在 45℃温箱中 20 min，取出观察种胚着色情况，判断种子有无生活力。记录并分析结果。另一半留作红墨水法。

可取用沸水煮死的种子作同样处理，对照观察。

【实验结果】

数出有生活力的种子数，计算有生活力种子的百分率。

三、红墨水染色法

生活细胞的细胞质膜具有选择性吸收物质的能力，而死的细胞的细胞质膜丧失这种能力，于是红墨水染料可进入死细胞而使其染色，活细胞不能吸收红墨水所以不染色。这一原理仅适用于胚细胞，而胚乳细胞全部被红墨水染成红色，那么是否就判断胚乳细胞就是死细胞？所以染色机制不但与细胞质膜透性有关，而且还与细胞（胚细胞和胚乳细胞）本身的结构和物理性质有关，是一个有待进一步研讨的问题。

【实验材料】

小麦或玉米种子。

【实验设备】

培养皿，刀片，镊子等。

【实验试剂】

5% 红墨水。

【实验步骤】

取 TTC 法余下的一半种子,置培养皿中,加入 5% 红墨水染色 15 min,倒去红墨水,然后用自来水冲洗 3~4 次,观察胚和胚乳的着色情况。记录结果并解释原因。

同时用沸水煮死种子作对照处理。

【实验结果】

数出有生活力的种子数,计算出有生活力种子的百分率。

四、荧光法

植物种子中经常存在着许多能够在紫外线照射下产生荧光的物质,如某些黄酮类、香豆素类、酚类物质等,在种子衰老过程中,这些荧光物质的结构和成分往往发生变化,因而荧光的颜色也相应改变;有些种子在衰老死亡时,荧光物质的性质虽未改变,但由于生活力衰退或已死亡的细胞原生质透性增大,浸种时,种子中的荧光物质很容易外渗。前一种情况可以用直接观察种胚荧光的方法确定种子死活,后一种情况则可通过观察荧光物质渗出的多少来确定种子死活。

【实验材料】

小麦或玉米种子。

【实验设备】

紫外灯,不产生荧光的白纸,刀片,镊子,培养皿,滤纸等。

【实验步骤】

1. 直接观察法:此法适用于一些松柏类、禾谷类及某些蔷薇果树种子,但种间差异较大。

用刀片沿胚的中心线将种子纵切成两半,取一半放在不产生荧光的白纸上,使种子的切面朝上,放在紫外线荧光灯下照射并进行观察,记载。有生活力的种子产生明亮的蓝色、蓝紫色、紫色或蓝绿色的荧光,死种子多半是黄色、褐色以至暗淡无光,并带有多种斑点。

观察 100 粒种子,计算出活种子的百分率。

2. 纸上荧光法:此法在十字花科种子中效果较好。

(1)将已吸胀的种子 100 粒,以 3~5 mm 间隔整齐地排列在培养皿中的双层潮湿滤纸上,滤纸上的水分以稍有余滴为度,以免水分过多时,荧光物质流失。

(2)放置 1 h 后,令其自然风干,于紫外灯照射下观察。死种子周围有明亮的蓝色或蓝紫色荧光圈。

【实验结果】

计算活种子的百分率。

【思考题】

1. 本次实验应注意的环节有哪些?

2. 试比较以上测定种子生活力的几种方法各有什么优缺点?

在环境条件适宜的情况下，种子内的胚开始恢复生长，并形成幼苗，这个过程就是萌发。种子萌发所需的适宜条件除了水分、温度和氧气外，有些种子还需要光照，因此把这类种子称为需光种子。此外，不同种类植物激素对种子萌发有不同的调控作用。

一、光质对种子萌发的影响

莴苣（*Lactuca sativa*）、拟南芥（*Arabidopsis thaliana*）等植物种子属需光种子，自然光能促进其萌发，不同波长的光对其萌发的作用不同，660 nm 的红光促进萌发，而 730 nm 的远红光可逆转红光的促进作用。因此，在红光照射后再用远红光处理，可消除红光的作用，若用红光与远红光交替处理，则种子的萌发状态取决于最后一次照射光的波长。

【实验材料】
莴苣或拟南芥种子。

【实验设备】
1. 红光、远红光光源装置：红光以红色荧光灯作为光源，经红光滤膜而获得；远红光以远红光荧光灯作为光源，经远红光滤膜而获得。
2. 镊子，培养皿，恒温培养箱，滤纸等。

【实验试剂】
蒸馏水。

【实验步骤】
1. 取直径 9 cm 的培养皿 6 套，每皿中放 3 张滤纸，加蒸馏水使其完全湿润。
2. 挑选新鲜、饱满的莴苣或拟南芥种子 180 粒。
3. 在暗室中绿色安全灯下，用镊子取暗中吸胀 5~6 h 的种子，每皿 30 粒。做如下处理。

处理方式	种子萌发率（%）
连续黑暗	
红光 5 min＋黑暗处理	
远红光 5 min＋黑暗处理	
红光 5 min＋远红光 5 min＋黑暗处理	
红光 5 min＋远红光 5 min＋红光 5 min＋黑暗处理	
红光 5 min＋远红光 5 min＋红光 5 min＋远红光 5 min＋黑暗处理	

（22±1）℃培养 72 h（每天加入适量蒸馏水，保持湿润）。

【实验结果】
统计种子萌发率（以根部有明显突起作为萌发标记）。

二、外源植物激素对种子萌发的影响

不同的植物激素对种子萌发有不同的作用。赤霉素（GA）促进种子萌发；脱落酸（ABA）抑制种子萌发。对于需光种子，GA 可以代替光照打破休眠，促进萌发。

【实验材料】
莴苣或拟南芥种子。

【实验设备】
绿色安全灯，镊子，培养皿，恒温培养箱，滤纸等。

【实验试剂】
培养液采用 MS 培养基基本成分，分别附加 10^{-5} mol/L GA_3，10^{-5} mol/L IAA（吲哚乙酸），10^{-5} mol/L CTK（细胞分裂素），10^{-5} mol/L ABA。

【实验步骤与结果】
1. 取直径 9 cm 的培养皿 6 套，每皿中放 3 张滤纸，分别加不同培养液使其完全湿润。

2. 挑选新鲜、饱满的莴苣或拟南芥种子 180 粒。

3. 在暗室中绿色安全灯下，用镊子取暗中吸胀 5～6 h 的种子，每皿 30 粒。做激素处理。

4. 22℃黑暗培养 72 h 后（每天加入适量培养液，保持湿润），统计种子萌发率（以根部有明显突起作为萌发标记）。

结果	对照（蒸馏水）	GA_3	IAA	CTK	ABA
种子萌发率（%）					

【思考题】
讨论各种环境因子对种子萌发的影响及在生产上的应用。

实验三十九　　生长素类物质对根芽生长的影响

植物内源生长素及人工合成的类似物质（IAA、NAA、萘乙酸钠等）对植物的生长发育有显著影响。不同浓度的生长素对同一器官的效应不同，相同浓度的生长素对不同的组织或器官的效应也不同，一般来说低浓度有促进效应，高浓度则起抑制作用。在植物的组织或器官中，根的最适生长素浓度比芽要低，表示根对生长素较芽敏感。

【实验材料】

小麦种子。

【实验设备】

光照培养箱，培养皿，滤纸，镊子，直尺等。

【实验试剂】

1. 100 ppm（1 ppm＝10^{-6} mg/L）萘乙酸（NAA）溶液：NAA 应先用少量 95% 乙醇溶解，再用蒸馏水定容到所需体积；

2. 2% 次氯酸钠溶液。

【实验步骤】

1. 将干净的培养皿依次编号①～⑧。首先，在①～⑧中分别加入 9 mL 蒸馏水，然后在①中加入 100 ppm NAA 溶液 1 mL，混匀，则成为 10 ppm 的 NAA 溶液。再从①中吸出 1 mL 加入②中，混匀，则成为 1 ppm 的 NAA 溶液。依次继续稀释至⑦，则分别为 10 ppm、1 ppm、0.1 ppm、0.01 ppm、0.001 ppm、0.0001 ppm、0.00001 ppm 七种浓度，最后从⑦中吸出 1.0 mL 弃去。第⑧皿中以蒸馏水作为对照。

2. 精选适量小麦种子，用 2% 次氯酸钠溶液消毒 10～20 min，再用蒸馏水冲洗多次，在蒸馏水中浸种 15 h，小麦吸胀快露白后，用蒸馏水冲洗 4 次，用吸水纸吸干种子上附着的水分，在上述每个培养皿中放一张滤纸，在滤纸上整齐放入浸泡后的 20 粒种子，加盖后将培养皿放入光照培养箱中（25℃，12 h 光照 /12 h 黑暗）。3 d 后测量并记录不同处理的小麦根数、根长和芽长。

【实验结果】

计算不同处理的平均根数、平均根长和平均芽长，完成下表。

NAA 浓度（ppm）	平均根数	平均根长（cm）	平均芽长（cm）

【思考题】

根据实验结果，分析不同浓度 NAA 处理对根、芽的生理效应。

生长素的生理效应及生物鉴定法

一、用芽鞘伸长法测定生长素类物质的浓度和效价

生长素能促进燕麦胚芽鞘细胞的伸长。在切去顶端的芽鞘切段断绝了生长素来源的情况下，切段的伸长在一定范围内与外加生长素浓度的对数呈线性关系，因此，可以用一系列已知浓度的生长素溶液培养芽鞘切段，绘制成生长素浓度与芽鞘伸长的关系曲线，以鉴定未知样品的生长素含量。

【实验材料】

小麦或燕麦种子。

【实验设备】

培养皿，滤纸，细玻璃丝，镊子，简易切割器，带方格纸的玻璃板，恒温培养箱，搪瓷盘，暗室等。

简易切割器可用木、钢或有机玻璃和两片双面刀片制成，两刀片间距离为 6 mm。

【实验试剂】

1. 含 2% 蔗糖的磷酸 - 柠檬酸缓冲液（pH 5.0）：K_2HPO_4 1.794 g，柠檬酸 1.019 g，蔗糖 20 g，溶于 1000 mL ddH$_2$O 中。

2. 10^{-3} mol/L IAA 溶液：IAA 17.5 mg 溶于含有 2% 蔗糖的磷酸 - 柠檬酸缓冲液中，并以该溶液定容到 100 mL。

3. 2% 次氯酸钠溶液。

【实验步骤】

精选小麦或燕麦籽粒 100 粒，2% 次氯酸钠溶液消毒 20 min，蒸馏水冲洗数次，播种在有洁净滤纸或石英砂带盖的搪瓷盘中，为使胚芽鞘长得直，可将种子排齐，种胚向上并一律朝向一侧，将盘斜放成 45° 角，使胚倾斜向下，盘中适当加水并加盖，放在暗室中生长，室内温度保持 25℃，相对湿度 85%。

播种后三天，当胚芽鞘长约 25～35 mm 时，精选芽鞘长度一致的幼苗 50 株，用镊子从基部取下芽鞘，用切割器在带方格的玻璃板上切下离芽鞘顶端 3 mm，长度为 5～6 mm 的切段（图 40-1）50 段，立即放入含有 2% 蔗糖的磷酸 - 柠檬酸缓冲液中，浸泡 1～2 h，以洗去内源生长素。

洗净并烘干五套培养皿，编号，在各培养皿中加入 9 mL 含有 2% 蔗糖的磷酸缓冲液。然后在①中加入 10^{-3} mol/L 的吲哚乙酸缓冲液 1 mL，摇匀，即成含吲哚乙酸 10^{-4} mol/L 的缓冲液；然后从①中吸出 1 mL 注入②中，摇匀，即成 10^{-5} mol/L 的溶液，如此继续

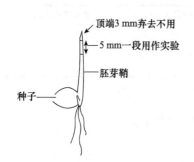

顶端 3 mm 弃去不用

5 mm 一段用作实验

胚芽鞘

种子

图 40-1　小麦胚芽鞘切段取材示意图

到④号皿，配成 10^{-7} mol/L 的溶液，并吸出 1 mL 弃去。⑤中不加吲哚乙酸作为对照。

将胚芽鞘切段从缓冲液中取出，用滤纸轻轻吸干，将切段穿在玻璃丝上，每一培养皿中放入 10 段芽鞘，加盖，放在 25℃温箱中培养。以上操作，应全部在较弱的红光下进行。

【实验结果】

24 h 后取出，吸去溶液，测量其长度，精确到 0.1 mm，求出每种处理的平均长度，然后以生长素溶液中的长度和对照中的长度的比值作纵坐标，以吲哚乙酸浓度的对数作横坐标画出标准曲线。

【思考题】

未知浓度或效价的生长素如何测定？

二、用绿豆根形成法测定生长素类物质的浓度或效价

生长素既可促进胚芽鞘与茎的伸长及果实的发育，也可促进根的形成。在一定浓度范围内，根形成的数目随浓度成正比地增加，浓度过高则起抑制作用。用标准生长素溶液来做对比时，就可测出某一类似生长素的效价或某一提取液中内源生长素的浓度。

【实验材料】
绿豆种子。

【实验设备】
光照培养箱，恒温培养箱，搪瓷盘，烧杯，刀片，培养皿，镊子，滤纸等。

【实验试剂】
50 ppm IAA 溶液：IAA 5 mg，溶于 ddH$_2$O 中（微微加热），在 100 mL 容量瓶中定容至刻度。摇匀，贮存于冰箱中待用。

【实验步骤】

1. 绿豆幼苗的培养：将绿豆种子用约 80℃热水浸种，当水冷却到室温后，继续浸泡 2 h，使种子充分吸胀。然后将种子放在垫有湿润滤纸的培养皿中，于 25℃恒温箱内使其萌发，24 h 后，挑选萌发整齐的绿豆幼苗，播种在湿润的石英砂中，放在 25℃光照培养箱生长 7~10 d，此时绿豆幼苗已具有一对展开的真叶与三片复叶的芽，可用于制备幼苗切段。

2. 幼苗切段的制备：选生长整齐的绿豆幼苗，用刀片由幼苗子叶节下 3 cm 处切去根系，如果子叶没有脱落则将子叶也去掉。此时切段带有 3 cm 长的下胚轴，第一对真叶及复叶和芽。实验前将制备好的切段浸泡在水中以免切口风干。

3. 取 50 mL 烧杯 6 只，编号，于第一只烧杯中倒入 50 ppm IAA 溶液 50 mL，吸出 5 mL 移入第 2 号杯中，再于 2 号杯中加入 45 mL 蒸馏水，用玻璃棒搅匀，即成 5 ppm 的溶液，如此逐级释放直到第 5 号杯中配成 0.005 ppm 吲哚乙酸，并从中吸出 5 mL 弃去为止，于第 6 号杯中加 45 mL ddH$_2$O 作对照，各杯均在杯外壁划线记下液面高度，各杯溶液浓度如下：

烧杯号	1	2	3	4	5	6
IAA（ppm）	50	5	0.5	0.05	0.005	0.00

每一烧杯中插入准备好的绿豆苗切段 5 或 10 段，将子叶节浸入液面以下。每 24 h 加一次蒸馏水使保持原来的溶液体积。7 d 后，计算每个切段所长的根数。

【实验结果】

可以看到，根的数目随一定范围内生长素浓度的增加而增加。

（1）标准曲线的绘制：以生长素溶液浓度的对数作横坐标，以生长素溶液及蒸馏水中发根数之比值作纵坐标，绘制出标准曲线。

（2）未知样品浓度或效价的测定：若有未知浓度的生长素提取液或未知效价的类似生长素溶液，需要进行测定时，均可依上法求出比值，然后和标准曲线比较，即可求得浓度或效价。

【思考题】

实验中是否出现由于生长素浓度过高而引起抑制发根的作用，由此说明了什么？

实验四十一 免疫荧光技术检测生长素转运蛋白 PIN2 的亚细胞定位

扫一扫看视频

生长素是植物整个生长发育过程中不可缺少的激素之一。无论是植物的器官与组织的发生与发育，还是植物的光形态建成、向性反应等过程，都离不开生长素的调节作用。

PIN 蛋白是负责将生长素运出细胞的一类载体蛋白，具有极性分布的特点。PIN 蛋白一经合成，就开始进入囊泡运输系统。PIN 蛋白在细胞质膜与胞内细胞器（主要是内体，endosome）之间循环转运，可以实现 PIN 蛋白的极性分布。极性分布的 PIN 蛋白能够迅速响应内部生长发育和外界环境的信号，从而通过改变生长素的运输来参与对植物生长发育的调节。PIN2 蛋白是 PIN 蛋白家族中的一员，主要定位于根尖表皮细胞的顶部质膜区，在调控根的向重力响应方面具有重要作用。

BFA（Brefeldin A，布雷菲尔德菌素）能够阻止已发生内吞的蛋白返回细胞膜，从而将蛋白限制在 BFA 小体（BFA 处理引起细胞内形成的囊泡结构聚集体）内，是研究蛋白转运常用的化学药剂。

免疫荧光技术是在免疫学、生物化学和显微镜技术的基础上建立起来的一项技术。它是根据抗原 - 抗体反应的原理，先将已知的抗原或抗体标记上荧光基团，再用这种荧光抗体（或抗原）作为探针检查细胞、组织切片或其他标本中的相应抗原（或抗体）。利用荧光显微镜可以看见荧光所在的细胞或组织，从而确定抗原或抗体的性质和定位，直观地将蛋白在体内的分布情况呈现出来。

常用的免疫荧光方法有直接法和间接法两类。直接法是指将荧光素直接标记在第一抗体上，该法特异性强，但灵敏度低，抗体的用量较大；间接法是指把荧光素标记到第二抗体上，标记的二抗可以通用于多种抗原的定位，并且灵敏度高。本实验用免疫荧光技术检测生长素转运蛋白 PIN2 亚细胞定位及 BFA 引起的 PIN2 蛋白的内吞的状况。

【实验材料】

拟南芥 Col-0 种子。

【实验设备】

光照培养箱，真空泵，镊子，24 孔细胞培养板，载玻片，盖玻片，小离心管，原位杂交仪，激光共聚焦扫描显微镜等。

【实验试剂】

1. pH 7.4 磷酸缓冲液（PBS）：将 0.2 g KCl、8 g NaCl、1.78 g $Na_2HPO_4 \cdot 2 H_2O$ 和 0.24 g KH_2PO_4 溶解于 1 L ddH_2O，调节 pH 至 7.4，灭菌后使用。

以下试剂均以 PBS（pH 7.4）为溶剂进行配制。

2. 含 25 μmol/L BFA 的 MS 液体培养基。

3. 2% 多聚甲醛溶液（PFA）（含 0.2% Triton X-100）。

4. 2% 崩溃酶（driselase）。

5. 含 3% 乙基苯基聚乙二醇（NP40）和 10% 二甲基亚砜（DMSO）的溶液。

6. 50% 甘油。

7. 3% 牛血清白蛋白（BSA）。

8. Triton X-100。

以下试剂均以 3% BSA 为溶剂进行配制。

9. 一抗：兔源 PIN2 多克隆抗体（1∶1000）。400 μL 3% BSA 中加入 0.4 μL 一抗，充分混匀后置于冰上备用。

10. 二抗：TRITC 标记的山羊抗兔 IgG 多克隆抗体（1∶400～1∶800）。400 μL 3% BSA 中加入 0.7 μL 二抗，充分混匀后置于冰上备用，注意避光。

11. 液体 MS 培养基：MS 培养基固体粉末 2.23 g，蔗糖 20 g，用 ddH$_2$O 定容至 1 L。1 mol/L KOH 调 pH 至 5.8。

【实验步骤】

1. 植物材料的处理：将萌发后生长 3～4 d 的拟南芥 Col-0 幼苗浸泡于含有 25 μmol/L BFA 的液体 MS 培养基中，于光照培养箱中处理 1 h，对照组用等量的 DMSO 进行处理。

2. 固定：将处理好的实验材料浸泡于加有 2% PFA（含 0.2% Triton X-100）的 24 孔细胞培养板中，放入真空泵中抽真空 1 h。

3. 抽真空后，Col-0 幼苗会沉到细胞培养板的底部。将对照组和实验组中的 Col-0 幼苗分别转移到原位杂交仪配套的小篮中，并将小篮置于原位杂交仪的"basket"模块中。

在软件中将后续的实验程序设定好，并根据样品数配制足够的试剂（以下步骤中试剂的用量为一个样品孔的用量），并将盛有试剂的离心管置于仪器中的相应位置。启动程序后，后续步骤由仪器自动完成。

4. 室温，300 μL PBS（含 0.1% Triton X-100）洗 5 次，每次 12 min。

5. 室温，300 μL ddH$_2$O（含 0.1% Triton X-100）洗 5 次，每次 12 min。

6. 37℃，300 μL 2% 崩溃酶液中酶解 40 min。

7. 室温，300 μL PBS（含 0.1% Triton X-100）洗 5 次，每次 12 min。

8. 室温，300 μL 3% NP40 10% DMSO 溶液孵育 1 h。

9. 室温，300 μL PBS（含 0.1% Triton X-100）洗 5 次，每次 12 min。

10. 室温，300 μL 3% BSA 孵育 1 h。

11. 37℃，200 μL 一抗孵育 4 h。

12. 室温，300 μL PBS（含 0.1% Triton X-100）洗 8 次，每次 12 min。

13. 37℃，200 μL 二抗孵育 3 h。

14. 室温，300 μL PBS（含 0.1% Triton X-100）洗 5 次，每次 12 min。

15. 室温，300 μL ddH$_2$O 洗 5 次，每次 12 min。

16. 将装有植物材料的小篮从仪器中取出，置于加有 ddH$_2$O 的 24 孔细胞培养板中，避光保存于 4℃。

17. 用 50% 甘油制片并在激光共聚焦扫描显微镜下进行观察。

【实验结果】

用激光共聚焦扫描显微镜拍摄 BFA 处理及未处理的拟南芥根尖中 PIN2 蛋白的定位

情况。

【思考题】

1. 用激光共聚焦扫描显微镜观察结果时，荧光信号弱或者非特异信号强可能是由哪些原因造成的？

2. PIN2 蛋白在生长素的运输中起什么作用？

用水稻幼苗法测定赤霉素类物质的浓度

定量测定赤霉素类物质有许多方法：如大麦糊粉层 α- 淀粉酶诱导形成法，小麦黄化苗第一叶片基部切断伸长法，水稻幼苗第二叶叶鞘伸长的"点滴法"等。其中以水稻幼苗法较好。这一方法利用了赤霉素刺激幼嫩植物节间伸长的重要生理特性。在一定浓度范围（0.1～100 ppm）内，叶鞘的伸长与浓度成正比。

【实验材料】

水稻种子。

【实验设备】

高约 6 cm 直径约 4 cm 的玻璃杯或烧杯，高压灭菌锅，边长约 30 cm 高约 15 cm 的正方形玻璃箱，10 μL 微量注射器，能分辨 1 mm 的玻璃尺，恒温培养箱等。

【实验试剂】

1. 100 ppm GA_3：10 mg GA_3 溶于 100 mL 50% 丙酮中。

2. 1% 琼脂：将称好的琼脂剪碎，按 1：100（W/W）浸入水中，高压灭菌 20 min。在琼脂溶胶尚未凝固前倒入玻璃杯中，至溶胶高度达 5 cm 为止。

3. 饱和漂白粉溶液。

【实验步骤】

1. 取籽粒饱满的水稻种子，用漂白粉溶液灭菌 30 min，冲洗后再加适量的水，使能盖过种子，在 30℃黑暗中发芽 2 d。

2. 种子露白后，选芽长 2 mm 的种子，胚芽朝上，排在小杯中的琼脂凝胶上。每杯排放 10 粒左右种子（图 42-1a）。小杯放进玻璃箱内，盖上盖，放进恒温培养箱中，在 30℃、100 μmol/（$m^2 \cdot s$）光照下培养 2 d。

3. 精选第二叶叶尖刚伸出第一叶，苗高 0.9～1 cm 的幼苗，将不符合的拔去。

4. 用 50% 的丙酮将 100 ppm 的 GA_3 稀释成 0.1 ppm、1.0 ppm、10 ppm、100 ppm 的 GA_3 溶液。

5. 从恒温培养箱中取出小烧杯，编号，分别用 0.1 ppm、1.0 ppm、10 ppm、100 ppm 的 GA_3 处理，对照为 50% 丙酮溶液。处理方法为：用微量注射器将 3 μL GA_3 溶液小心滴于幼苗的胚芽鞘与第一叶叶腋之间（图 42-1b），勿使滑落。如小滴滑落，应立即拔除这一幼苗。每一浓度至少重复三杯。

6. 所有点了样的小杯再放入恒温培养箱中培养 3 d。

7. 测定第二叶叶鞘长度（图 42-1b）。

【实验结果】

以 GA_3 浓度的对数为横坐标，第二叶叶鞘长度为纵坐标，绘图，此为标准曲线，从中可以查出待测样品中的赤霉素类物质的活性相当于多少浓度 GA_3 的活性。

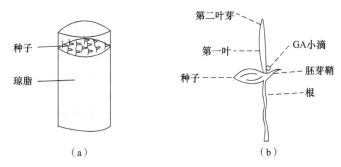

图 42-1　水稻幼苗法测定赤霉素类物质的浓度操作示意

（a）选取芽鞘长达 2 mm 的种子放置小杯内的琼脂上，在连续光照下培养；（b）将 3 μL GA$_3$ 的丙酮溶液滴于胚芽鞘与第一叶之间

【思考题】

1. 赤霉素的主要生理作用有哪些？能否据此设计其他实验测定赤霉素的浓度？

2. 为了充分发挥赤霉素促进节间伸长的作用，在矮生型品种和高生型品种中选哪一种实验较好？

赤霉素对 α- 淀粉酶诱导形成

大麦或小麦种子吸水萌动后，胚的糊粉层中便产生赤霉素。这些赤霉素被释放到胚乳中后，能诱导、提高一些水解酶如 β-1，3- 糖苷酶、蛋白酶、核糖核酸酶、α- 淀粉酶等酶的活性。其中研究得最彻底，最深入的是赤霉素对大麦糊粉层中 α- 淀粉酶的诱导形成。赤霉素诱导或提高一些水解酶的活性对种子萌发过程中的物质转化和器官建成具有重要意义。没有胚的种子由于不能产生赤霉素，胚乳中便没有 α- 淀粉酶。

【实验材料】
小麦种子。

【实验设备】
分光光度计，烧杯，移液器，恒温水浴锅，试管，刀片，镊子，青霉素小瓶，恒温培养箱，恒温摇床等。

【实验试剂】
1. 0.1% 淀粉溶液：可溶性淀粉 1 g 加 ddH$_2$O 50 mL，沸水浴至淀粉完全溶解后，再加入 KH$_2$PO$_4$ 8.16 g，待其溶解后定容至 1000 mL。

2. 2×10^{-5} mol/L GA$_3$ 溶液：680 mg GA$_3$ 溶于少量 95% 乙醇中，用 ddH$_2$O 定容至 1000 mL。

3. I$_2$-KI 溶液：0.6 g KI 和 0.060 g I$_2$ 分别用少量 0.05 mol/L HCl 溶解后混合，用 0.05 mol/L HCl 定容至 1000 mL。

4. 1% 次氯酸钠溶液。

5. 10^{-3} mol/L 乙酸缓冲液：10^{-3} mol/L 乙酸钠溶液 590 mL 与 10^{-3} mol/L 乙酸溶液 410 mL 混合后，加入 1 g 链霉素，摇匀。

【实验步骤】
1. 选籽粒饱满大小一致的大麦种子 50 粒，用刀片将每粒种子切成有胚和无胚的两半，分别放入新配制的 1% 次氯酸钠溶液中消毒 15 min，再取出用 ddH$_2$O 冲洗数次。在无菌条件下，吸胀 48 h。

2. 将 2×10^{-5} mol/L 的 GA$_3$ 稀释为 2×10^{-6} mol/L、2×10^{-7} mol/L、2×10^{-8} mol/L 的溶液。

3. 取青霉素小瓶 6 个，编号，按表 43-1 加入试剂和材料。

表 43-1　试剂和材料加样

瓶号	赤霉素		乙酸缓冲液（mL）	加入试验材料
	浓度（mol/L）	体积（mL）		
1	0	1	1	10 个有胚种子
2	0	1	1	10 个无胚种子
3	2×10^{-5}	1	1	10 个无胚种子
4	2×10^{-6}	1	1	10 个无胚种子
5	2×10^{-7}	1	1	10 个无胚种子
6	2×10^{-8}	1	1	10 个无胚种子

4. 将小瓶放进恒温箱中，在 25℃下振荡培养 24 h。

5. 淀粉酶活力测定：从每个小瓶中吸取上清液 0.2 mL 加入含 1.8 mL 0.1% 淀粉溶液的相应标号的试管中，混匀。然后于 30℃水浴中准确保温 10 min（保温时间最好经预备实验确定，以光密度达 0.4～0.6 的反应时间为宜）。再加入 I_2-KI 溶液 2 mL，用蒸馏水稀释至 5 mL，充分摇匀。此溶液呈蓝色，可用红色滤光片或在 580 nm 的波长下比色。以蒸馏水做对照。

【实验结果】

以赤霉素浓度的负对数为横坐标，以光密度为纵坐标绘制标准曲线。待测样品可以光密度表示淀粉酶的相对活性，或从标准曲线上查出淀粉含量，以被分解的淀粉量表示淀粉酶的绝对活性。

【思考题】

1. 本实验测出的酶活性是否包括 β- 淀粉酶的活性？ β- 淀粉酶在理化性质和测定方法上和 α- 淀粉酶有何不同？

2. 种子在萌发过程中胚如何调节贮藏物质的作用？ 赤霉素起什么作用？

3. 淀粉酶的测定还可用什么方法？ 能否用蒽酮法？ 为什么？

细胞分裂素的保绿与阻止衰老的作用

细胞分裂素是植物中广泛存在的植物激素，它能促进细胞分裂，抑制核酸酶、蛋白酶等一些水解酶的活性，使大分子物质少受破坏。用细胞分裂素处理正在衰老的叶片，能阻止叶绿素的破坏，延长叶片寿命。

把植物的离体叶片放在适宜浓度的细胞分裂素溶液中，置于 25～30℃黑暗条件下，叶片中叶绿素的分解比对照慢，证明细胞分裂素具有保绿作用。

【材料与设备】

小麦幼苗。

【实验设备】

直径 8 cm 培养皿，10 mL 量筒，100 mL 量筒，小漏斗，小剪刀，25 mL 容量瓶，研钵，滤纸，721 分光光度计等。

【实验试剂】

1. 0.1 mol/L HCl。

2. 100 ppm 激动素（一种细胞分裂素）溶液：10 mg 激动素用少量 0.1 mol/L HCl 溶解，用 ddH_2O 定容至 100 mL。

3. 80% 丙酮。

4. 碳酸钙，石英砂。

【实验步骤】

1. 在 7 个培养皿中分别加入蒸馏水和 0.05 ppm、0.5 ppm、5 ppm 和 50 ppm 的激动素溶液各 10 mL。每一处理重复 3 次。

2. 选生长一致的小麦幼苗，剪下第一完全叶，切去尖端 1.5 cm，取其后 3 cm 长的切段。每一培养皿放切段 0.500～1.000 g。然后将培养皿放在散射光下培养 1～2 周。

3. 从培养皿中取出小麦叶片，用滤纸吸干水分，放入研钵中。再向研钵中放入少量石英砂，少量碳酸钙及 4～5 mL 80% 丙酮，仔细研磨成浆，过滤到 25 mL 容量瓶中，研钵用 80% 丙酮 4～5 mL 洗两次，洗出液过滤。滤渣和滤纸再放入研钵中，研磨、过滤。如此反复，直到滤出液无绿色。滤液用 80% 丙酮定容至 25 mL。

4. 使用 721 分光光度计时，以 80% 丙酮为空白对照，在 663 nm 和 645 nm 处比色。

【实验结果】

叶绿素浓度按下式计算：

$$[\text{ch1}] = 20.2 \times D_{645} + 8.02 \times D_{663}$$

式中，[ch1]——叶绿素浓度，mg/L；

D_{645}——叶绿素溶液在 645 nm 处的吸光值；

D_{663}——叶绿素溶液在 663 nm 处的吸光值。

【思考题】

1. 细胞分裂素在结构上有何特点？具有细胞分裂素活性的几种主要物质是哪些？其中哪几种是内源的？

2. 哪些指标可以证明细胞分裂素具有阻止或延缓衰老的作用？

实验四十五　乙烯的生物测定——黄化豌豆幼苗的"三重反应"

　　乙烯是一种气体激素，它对植物的代谢、生长和发育有着多方面的作用。用乙烯气体处理黄化的豌豆幼苗，可抑制幼苗上胚轴的伸长，并使上胚轴发生膨大及横向生长。黄化幼苗对乙烯的这三种反应被称为"三重反应"。

　　乙烯可使细胞壁内表面在纵向方向沉积的微纤丝增多，这样就限制了细胞的纵向延伸，加强了细胞的横向扩大，从而表现出上胚轴伸长受限制及横向膨大现象。横向生长是由于乙烯抑制了生长素从上胚轴靠上一边向靠下一边的侧向运输，使靠上一边比靠下一边有较多的生长素，因而生长较快所造成。这种上下生长的差别，被称为"偏上性"（epinasty）生长，是乙烯及其类似物（如乙炔、丙烯等）及可产生乙烯的物质（如生长素类物质）所特有的反应。该反应敏感（低浓度即有反应），发生迅速，成为最早被应用的一种乙烯生物鉴定法。

　　现代则多用气相色谱对乙烯进行定量测定，但有时需和生物测定配合应用。

【实验材料】

　　豌豆种子。

【实验设备】

　　直径约 4 cm、长 20 cm 试管，橡皮塞，滤纸，注射器，量筒，培养箱，花盆，蛭石，架子，黑布罩，光照培养箱等。

【实验试剂】

　　1. 标准乙烯气体。

　　2. 2% 次氯酸钠溶液。

【实验步骤】

　　1. 将精选的豌豆种子放在 2% 次氯酸钠溶液中浸泡 15 min，放在干净的纱布袋中，在流动的自来水中吸胀一天。

　　2. 将种子播在放有蛭石的花盆中，放在 25℃，黑暗条件下生长。

　　3. 在黄化豌豆幼苗生长到约 4 cm 时（约一周）可用做试验。

　　4. 将试管洗净，用少量酒精洗涤，在试管底部作一滤纸桥。

　　滤纸桥做法：将滤纸剪成宽约 1.2 cm，长约 10 cm 的长条，在滤纸中部挖一小洞，洞的大小可允许豌豆苗穿过即可，将滤纸叠成三折放入试管。

　　5. 将豌豆幼苗从滤纸洞中插入，使根部泡于水中，然后将试管用橡皮塞塞紧。

　　6. 根据测得的试管体积计算，用注射器注入相应的乙烯气体，使在试管内的乙烯气体浓度分别为 0、0.5 ppm、1.5 ppm、10 ppm。

　　7. 将一组试管（不同浓度的处理）放在 25℃黑暗条件下 2 d；另一组放在光照条件下［光强（光合有效辐射）50 μmol/（m²·s）］2 d 后进行观察记录。

【实验结果】

1. 测量并记录不同浓度乙烯处理的幼苗长度，以浓度为横坐标，长度为纵坐标绘图。

2. 绘图表示不同浓度的乙烯处理对黄化豌豆幼苗形态的效应。

【思考题】

1. 除了三重反应外，你还观察到什么其他反应？试比较对照及不同处理的幼苗弯钩及叶片的情况。

2. 光对幼苗的"三重反应"有什么影响？

3. 幼苗弯钩在种子正常发芽的过程中的作用是什么？其形成与变直与乙烯的关系如何？

4. 如将消毒的苹果切片放入上述放有豌豆幼苗的试管中，豌豆幼苗会有什么反应？试与外用乙烯的反应进行比较，是否能确定苹果也产生了乙烯？

实验四十六　生长素和乙烯对叶片脱落的效应

脱落的自然调节是由叶片（或果实）供应的生长素的抑制作用和乙烯的促进作用来实现的，幼嫩的叶片产生大量的生长素，从而防止了叶片的脱落。但当叶片老化时，一方面从叶片供应的生长素下降到低水平，使离层细胞对乙烯的敏感性增强；另一方面，衰老使乙烯的生物合成增加，这样脱落就发生。

本实验是由包括叶柄脱落带的一段外植体进行的。可以观察到，当应用高浓度的生长素时，由于组织对乙烯不敏感，虽引起大量的乙烯放出，但脱落仍然被推迟。但在生长素浓度低的条件下，离层组织进入对乙烯敏感的阶段。由生长素促进的乙烯的释放，使叶柄的脱落加速。

【实验材料】

生长 10~15 d 的黄豆植株。

【实验设备】

直径 6 cm 和 3 cm 培养皿，刀片，镊子，封口膜等。

【实验试剂】

琼脂、萘乙酸。

【实验步骤】

1. 准备四个直径为 6 cm 的培养皿，编好号，并分别倒入以下成分。

（1）1.5% 琼脂约 10 mL。

（2）1.5% 琼脂 10 mL，内含 $5×10^{-5}$ mol/L 的萘乙酸。

（3）1.5% 琼脂 10 mL，内含 $5×10^{-4}$ mol/L 的萘乙酸。

（4）在 6 cm 的培养皿放入一个 3 cm 的培养皿。向 6 cm 的培养皿内倒入 1.5% 琼脂 5 mL，内含 $5×10^{-4}$ mol/L 的萘乙酸；在 3 cm 的培养皿中倒入不含任何生长素的 1.5% 琼脂 5 mL。

（5）将培养皿盖上盖，在室温下使其冷却凝固备用。

2. 将在温室 25℃条件下生长 10~15 d 的黄豆植株上充分展开的叶片切下，留下 0.5 cm 长的叶柄及中脉，将叶肉组织去除干净，切下的外植体先放在湿滤纸上，每组共切 50 个大小一致的外植体。

3. 将每 10 个这样的外植体基部插入每个培养皿内 1.5% 琼脂中 1~3 mm 深。插好后盖好盖子，上述第四处理的培养皿要用封口膜封严。

4. 将培养皿放在 25℃光照培养箱中，16 h 光 /8 h 暗，光强（光合有效辐射）50 μmol/（m^2·s）。

【实验结果】

两天及一周后，用铅笔轻轻触碰外植体，记载各处理发生脱落的外植体的数量。

将各组的结果写在黑板上，计算平均数，并对各处理进行差异显著性分析。

【思考题】

1．本试验中所应用的萘乙酸是如何在外植体中运输的？如将生长素从上部的切口上应用，得到的结果是否相同？

2．在应用生长素后多久离层开始形成？在什么部位形成？试比较新鲜切制的外植体与2～4 d 前切制的放在琼脂上的外植体叶柄基部离区的徒手切片，可用 0.5% 曙红染色观察。

3．乙烯和脱落酸对脱落作用的影响如何？试用不同浓度的脱落酸及乙烯利做试验，观察其对叶片脱落的效应。

4．同一处理的不同外植体脱落的快慢为什么存在差别？如先将外植体插在不含生长素的琼脂内一天后，再转移到生长素含量不同的琼脂中去，或者用不同叶龄的外植体做试验，会得到什么结果？

植物激素 ABA 的酶联免疫吸附
测定法（ELISA）

免疫测定是利用抗原、抗体特异性反应而建立的。根据标记方法的不同可分为：酶
联免疫、放射免疫、荧光免疫、化学发光免疫测定、生物发光免疫测定等。由于酶联免
疫吸附分析法（enzyme-linked immunosorbent assay，简称 ELISA）相比其他免疫测定方法
具有操作简便、成本低廉和灵敏度较高的特点而被广泛应用。

小分子物质的酶联免疫检测方法有两种形式，一种是在酶联板上包被抗体（直接酶
联免疫吸附测定法），另一种是在酶联板上包被抗原（间接酶联免疫吸附测定法）。直接
酶联免疫吸附测定法利用游离抗原（待检测的小分子物质）和酶标抗原与包被在酶联板
上的抗体进行竞争，只需一步竞争反应就可以加入底物显色。但由于需要将半抗原与酶
进行化学耦联，耦联过程中酶的活性可能受到损失，因此直接酶联免疫吸附测定方法的
建立较为困难。间接酶联免疫吸附测定法利用游离抗原和吸附在酶联板上的包被抗原与
游离抗体进行竞争，结合在板上的抗体再与酶标二抗结合，需要两步反应才能加入底物
显色。由于酶标二抗可以商品化购买，因此间接酶联免疫吸附检测方法的建立相对容易。
本实验采用的就是间接酶联免疫吸附测定方法，其原理如下：

$$Ab+H+HP \longrightarrow Ab\text{-}H+Ab\text{-}HP$$

其中，Ab 表示抗体；H 表示待测定植物激素；HP 表示吸附在酶联板上的激素—蛋白质
（一般为牛血清白蛋白 BSA 或卵清蛋白 OVA）复合物。根据质量作用定律，当该反应体
系中 Ab 及 HP 的量固定时，游离激素越多，结合物 Ab-H 形成的就越多，而 Ab-HP 就
越少，即结合在酶联板上的抗体就越少，相应结合的酶标二抗也越少。游离的激素越少，
结合物 Ab-H 形成的就越少，而 Ab-HP 就越多，即结合在酶联板上的抗体就越多，相应
结合的酶标二抗也越多。由于吸附在酶联板上酶的多少决定了底物显色的深浅，因此酶
联板上就表现出随着激素浓度增加，颜色越来越浅。用激素各标样浓度的对数与相应吸
光度值的 logit 值建立回归方程，进行定量测定。

【实验材料】
各种新鲜和液氮冷冻后冻存的植物材料。

【实验设备】
研钵，冷冻离心机，氮吹仪，酶联免疫分光光度计，恒温箱，酶标板，试管，带盖
瓷盘（内铺湿纱布），500 mg、6 mL 规格的 C-18 固相萃取柱等。

【实验试剂】
1. 包被缓冲液：Na_2CO_3 1.5 g，$NaHCO_3$ 2.93 g，溶于 1000 mL ddH_2O，pH 为 9.6。
2. 磷酸盐缓冲液（PBS）：NaCl 8.0 g，KH_2PO_4 0.2 g，$Na_2HPO_4 \cdot 12H_2O$ 2.96 g，溶
于 1000 mL ddH_2O，pH 为 7.5。
3. 样品稀释液：500 mL PBS 中加 0.5 mL Tween-20，0.5 g 明胶（稍加热溶解）。

4. 底物缓冲液：$C_6H_8O_7 \cdot H_2O$（柠檬酸）5.1 g，$Na_2HPO_4 \cdot 12H_2O$ 18.43 g，加入 1000 mL ddH$_2$O，再加 1 mL Tween-20，pH 为 5.0。

5. 洗涤液：1000 mL PBS 加 1 mL Tween-20。

6. 终止液：2 mol/L H$_2$SO$_4$。

7. 提取液：80% 甲醇，内含 1 mmol/L BHT（二叔丁基对甲苯酚，为抗氧化剂，先用甲醇溶解 BHT，再配成 80% 的浓度）。

8. ABA 包被抗原，ABA 鼠单克隆抗体，ABA 标样，辣根过氧化物酶标记的羊抗鼠 IgG（酶标二抗）。

9. 甲醇，乙醚。

10. 显色液：称取 20 mg 邻苯二胺加入到 10 mL 底物缓冲液中，完全溶解后加 4 μL 30% H$_2$O$_2$ 混匀（现用现配）。

【实验步骤】

1. 样品中激素的提取

（1）称取 0.5～1.0 g 新鲜植物材料（取样后用液氮速冻，保存在 −20℃的冰箱中），加 2 mL 样品提取液，在冰浴下研磨成匀浆，转入 10 mL 试管，再用 2 mL 提取液分次将研钵冲洗干净，一并转入试管中，摇匀后放置在 4℃冰箱中。

（2）4℃下提取 4 h，1000 g 离心 15 min，取上清液。沉淀中加 1 mL 提取液，搅匀，置 4℃复提 1 h，离心，合并上清液，混匀，弃去沉淀。

（3）上清液过 C-18 固相萃取柱。具体步骤是：80% 甲醇（1 mL）平衡柱→上样→收集样品。

柱再生：100% 甲醇（5 mL）洗柱→ 100% 乙醚（5 mL）洗柱→ 100% 甲醇（5 mL）洗柱→ 80% 甲醇（1 mL）平衡柱→上新样品。

（4）将上清液转入 10 mL 离心管中，N$_2$ 吹干，用样品稀释液定容［一般 1 g 鲜重用 2 mL 样品稀释液定容后，再用样品稀释液稀释到不同倍数（预实验摸索）后直接测定］。

2. 样品测定

使用间接酶联免疫吸附测定法（本实验所用的包被抗原、抗体、标样、酶标二抗的量是按一块 96 孔酶标板计算的）。

（1）包被：在 10 mL 包被缓冲液中加入一定量的 ABA 包被抗原（如 1∶1000 稀释就是加入 10 μL），混匀每孔加入 100 μL。将酶联板放入湿盒中，37℃温育 3 h。

（2）竞争：即加 ABA 标样、待测样品和 ABA 抗体。ABA 标准曲线的最大浓度配成 100 ng/mL，然后再依次 2 倍稀释 8 个浓度（100 ng/mL，50 ng/mL，25 ng/mL，12.5 ng/mL，6.3 ng/mL，3.2 ng/mL，1.6 ng/mL，0）。将系列标准品加入 96 孔酶联板的前两行，每个浓度加 2 孔，每孔 50 μL，其余孔加待测样品，每个样品重复两孔，每孔 50 μL。加抗体：在 5 mL 样品稀释液中加入一定量的抗体（稀释倍数见标签，如稀释倍数是 1∶1000，加 5 μL 的抗体），混匀后每孔加 50 μL，然后将酶联板放入湿盒内开始竞争。竞争条件：37℃温育，0.5 h。

（3）洗板：将酶联板中的反应液倒扣甩净并在吸水纸上将孔中液体拍干。第一次加入洗涤液后要立即倒扣甩掉。然后再接着加第二次，等半分钟后甩掉。一共洗涤四次。

（4）加二抗：将一定量的酶标二抗加入 10 mL 样品稀释液中（如稀释倍数 1∶1000

就加 10 μL），混匀后，在酶标板每孔加 100 μL，然后将其放入湿盒内，置 37℃ 下，温育 0.5 h。

（5）洗板：方法同竞争之后的洗板。

（6）在每孔中加 100 μL 显色液，然后放入湿盒内，当显色适当后（即 0 ng/mL 孔与 100 ng/mL 孔的 OD 差值为 1.0 以上时，或者肉眼能看出标准曲线有明显的颜色梯度后），每孔加入 50 μL 2 mol/L 硫酸终止反应。

（7）比色：在酶联免疫分光光度计上测定标准物各浓度和各样品 492 nm 处的 OD 值，计算含量。

【实验结果】

1. ELISA 结果计算

ELISA 结果计算最常用的是 logit 曲线：标准曲线的横坐标用激素标样各浓度（ng/mL）的自然对数，纵坐标用各浓度显色值的 B/B_0 值表示，用 EXCEL 求出回归方程。

Logit 值的计算方法如下：

$$\text{Logit}(B/B_0) = \ln \frac{B/B_0}{1 - B/B_0} = \ln \frac{B}{B_0 - B}$$

式中，B_0 是 0 ng/mL 孔的显色值；B 是其他浓度的显色值。将待测样品的吸光度值进行 logit 值变换，用标准曲线算出浓度的自然对数，再求反对数即可得到激素的浓度（ng/mL）。得到样品激素浓度后，再根据鲜重及稀释倍数计算出样品中激素的含量（ng/g 鲜重）。

2. 含量计算

求得样品中激素的浓度后，样品中激素的含量（ng/g）可用下式计算：

$$A = (N \times V_2 \times V_3 \times B) / (V_1 \times W)$$

式中，A——激素的含量，ng/g；

　　　V_2——提取样品后，上清液的总体积，mL；

　　　V_1——用于氮气吹干的上清液体积，mL（当提取的上清液全部进行氮气吹干时 V_1 与 V_2 的体积是相等的）；

　　　V_3——氮气吹干后样品稀释溶液定容后的体积，mL；

　　　W——样品的鲜重，g；

　　　N——样品中激素的浓度，ng/mL；

　　　B——样品的稀释倍数（样品稀释溶液定容后的稀释倍数）。

【注意事项】

1. 加样的快速、一致是 ELISA 实验成功的关键。由于酶联板中加入抗体或酶标二抗后，抗原、抗体就会立即发生反应。因此，先加入的孔就会先发生反应，后加入的孔后反应。而酶联板中的反应是同时终止的，如果加样速度太慢，会导致酶联板中前后孔间抗原、抗体反应时间相差过大而产生误差。另外酶联免疫吸附测定的基础是只有样品中激素含量这一个变量，其他如包被抗原、抗体和酶标二抗在每个孔中的量都是一致的。因此加样的一致性就非常关键。

2. 在竞争这一步的加样中，一定要注意抗体加入酶联板时，移液器枪头不要沾染已加入孔中的标样或样品。因为沾染了标样或样品的吸头会随着吸头污染抗体溶液而导致实验出现较大的误差。

3. 底物显色液一定要现用现配！夏天在进行免疫测定时，由于人体汗液中也存在过氧化物酶，底物显色液很容易污染，具体表现为显色液还没有加入酶联板时，就已经变黄了。过氧化氢在常温长时间放置时会变质。底物显色液配制时要确保过氧化氢没有过期失效，否则加入酶联板中时，底物不会显色。

4. ABA 的抗体制备一般有两种方法，一种是从 ABA 分子的羧基直接活化联结载体蛋白，另一种是从 ABA 分子的羧基衍生基团再与载体蛋白联结。前一方法制备出的抗体一般只识别结合态的 ABA，适合用于免疫组化。后一种方法制备出的抗体一般只识别自由态 ABA，适合用于免疫测定。

【思考题】

1. 为什么要预先确定包被抗原、抗体、酶标二抗的最适稀释倍数？

2. 在 ELISA 操作过程中，快速、一致的加样有什么好处？

3. 在测定过程中，样品的吸光度值在标准曲线的什么范围内较为理想？

实验四十八 液相色谱-质谱联用技术测定植物内源激素含量

扫一扫看视频

　　内源性植物激素，包括脱落酸、水杨酸、茉莉酸和吲哚乙酸等在植物的生长发育和响应非生物逆境胁迫过程起着重要的调控作用。植物激素在植物体内含量极低，且含量受植物生理状态影响较大。准确测定内源性植物激素的含量可以帮助我们更好地了解植物的生理状态。

　　本实验使用液液萃取的方法从植物材料中提取微量的植物激素。使用含有异丙醇和盐酸的提取液从研磨成粉末的植物材料中提取植物激素，然后使用氯仿对提取液中的植物激素进行萃取。收集的萃取液经过浓缩后使用液相色谱-质谱联用技术对激素含量进行测定。质谱检测得到四种激素的质谱信号强度，带入标准曲线就可以得到提取液中四种植物激素的含量。在提取植物激素之前还向植物材料中加入一定量稳定同位素标记的（氘代）植物激素内标，用于校正提取过程中植物激素的损失和质谱仪的基质效应。

　　【实验材料】

　　玉米或拟南芥的根、茎、叶或者完整植株。取样后立即使用液氮冷冻样品，分析前使用研钵将样品研磨成粉末。

　　【实验设备】

　　低温高速离心机，恒温摇床，涡旋混匀仪，超高效液相色谱仪，C18 色谱柱，Q-TOF 或 Q-Orbitrap 高分辨质谱仪或 QQQ 串联四级杆质谱仪，氮吹仪，1.5 mL 和 2 mL 离心管等。

　　【实验试剂】

　　1. 化学试剂：异丙醇（C_3H_8O，色谱纯），水（H_2O，色谱纯），盐酸（HCl，分析纯），氯仿（$CHCl_3$，分析纯），甲醇（CH_3OH，色谱纯），乙腈（C_2H_3N，色谱纯），乙酸（CH_3COOH，色谱纯）。

　　2. 植物激素脱落酸（ABA）、水杨酸（SA）、吲哚乙酸（IAA）、茉莉酸（JA）混合标准品。

　　3. D6-ABA、D4-SA、D2-IAA、D5-JA 混合标准品。

　　实验所需溶液配制如下。

　　1. 提取液：C_3H_8O : H_2O : HCl＝2 : 1 : 0.002。

　　2. 内标溶液：将 D6-ABA、D4-SA、D2-IAA、D5-JA 混合标准品，用甲醇稀释到 200 ppb。

　　3. 标准溶液：将 ABA、SA、IAA、JA 混合标准品与内标溶液混合成 200 ppb、100 ppb、20 ppb、5 ppb 和 1 ppb 的标准溶液（含 100 ppb 混合内标）。

　　4. 0.05% 乙酸水溶液：H_2O : CH_3COOH＝2 : 0.001。

5．0.05% 乙酸乙腈溶液：C_2H_3N：CH_3COOH＝2：0.001。

【实验步骤】

1．准确称取 50 mg 研磨成粉末的植物样品，记录每个样品的称样量。每个样品做两到三次重复。

2．向植物样品中加入 500 μL 提取液和 50 μL 内标溶液（含有 200 ppb D6-ABA，D4-SA，D5-JA 和 D2-IAA 的甲醇溶液）。

3．涡旋震荡 10 s 后，4℃，300 r/min 恒温震荡 30 min。

4．继续加入 1 mL 萃取液（氯仿），涡旋震荡 10 s 后，4℃，300 r/min 恒温震荡 30 min。

5．4℃，14000 r/min 离心 5 min，在离心管中可以观察到萃取后分相的两层，其中氯仿层在下层，提取液在上层。

6．吸取 1.2 mL 的下层氯仿溶液，转移到新的 1.5 mL 离心管中，使用氮吹仪在室温下将溶剂吹干。

7．向吹干的氯仿层中加入 0.1 mL 甲醇，涡旋震荡 10 s 后，4℃，300 r/min 恒温震荡 10 min，14000 r/min 离心 5 min。取上清装入液相色谱进样瓶用于液相色谱 - 质谱分析。

8．液相色谱仪使用 0.05% 乙酸水溶液（A）和 0.05% 乙酸乙腈溶液（B）作为流动相，使用内径 2.1 或 3.0 mm，长度 100 mm，粒径 1.7 或 2.5 μm 的 C18 色谱柱，梯度洗脱程序，10 min 内将流动相 B 从 10% 提高到 90%。

9．液相色谱洗脱的植物激素经过加热的电喷雾电离源进入质谱仪检测。结果参照表 48-1。

离子源参数如下。喷雾电压：＋3500 V；毛细管温度：320℃；壳气：30；辅助气：10；反吹气：5；壳气温度：350℃；一级质谱扫描分辨率：70000，扫描范围 50～750 amu；二级质谱扫描分辨率：17500，扫描范围 50～300；质量隔离窗口：2 amu。

表 48-1　几种植物激素质谱数据参照

激素名称	保留时间（min）	母离子	二级离子	碰撞能
ABA	7.02	263.1288824	219.13905	25
d6-ABA	7.01	269.1665429	225.17671	25
SA	5.47	137.0244174	93.034588	35
d4-SA	5.42	141.0495244	97.059695	35
IAA	6.48	174.0560518	130.06622	35
d2-IAA	6.48	176.0686053	132.07878	25
JA	8.19	209.1183177	59.013853	35
d5-JA	8.19	214.1497015	61.026406	35

10．同步分析浓度 1～200 ppb（含有 100 ppb 激素内标）的植物激素标准品。

【实验结果】

1．提取上述四种植物激素和四种激素的同位素内标在样品和标准品中的质谱峰信号。

2．使用标准品的质谱峰面积，绘制工作曲线，将样品质谱峰面积带入工作曲线计算样品上机溶液中的激素含量。

3．根据上机液的激素含量，提取过程中的稀释倍数和称样量计算新鲜样品中的实际激素含量。

【思考题】

1．采样后立即使用液氮研磨样品的目的是什么？

2．提取激素时不加入同位素内标会对测定结果产生何种影响？

实验四十九 叶片培养——植物组织培养中的脱分化与再分化过程

　　根据植物细胞全能性理论，植物细胞具有全套遗传信息，在适宜条件下，可以通过脱分化和再分化途径进行器官建成，并进一步发育成完整的再生小植株。在组织培养中，一个成熟细胞或分化细胞转化为分生状态的过程，也就是愈伤组织形成的过程，称为脱分化（dedifferentiation）。植物的成熟细胞经历了脱分化之后，形成愈伤组织，由愈伤组织可以再分化形成完整的植株，这一过程称为再分化（redifferentiation）。影响细胞分化和器官建成的内外因素（光照、温度、湿度、营养、激素等）很多，植物激素是最关键的因素，其中生长素和细胞分裂素的比值起决定作用。改变培养基中生长素和细胞分裂素的相对浓度可以控制器官的分化。IAA/CTK 比值高时促进根的分化；比值低时促进茎、芽的分化；两者浓度相等时，形成愈伤组织。由于不同植物或不同的器官（或组织）中内源激素的含量和动态变化不同，因此，对于某一种具体的形态发生过程而言，它们所要求的外源激素水平会有所不同。

【实验材料】
　　烟草叶片。

【实验设备】
　　高压灭菌锅，超净工作台，光照生长箱，pH 计，电磁炉，烧杯，搅棒，容量瓶，试剂瓶，量筒，白搪瓷杯，三角瓶，培养皿，酒精灯，手术刀，镊子，手术剪等。

【实验试剂】
　　乙醇，氢氧化钠，6- 苄基嘌呤（BA），萘乙酸（NAA）、MS 培养基中的无机盐和有机物，2% 次氯酸钠溶液。

【实验步骤与结果】
1. 配制培养基

（1）按 MS 培养基配方，配制各母液。

① 按表 49-1，配制 10 倍的大量元素母液。

表 49-1　大量元素母液

大量元素	NH_4NO_3	KNO_3	$CaCl_2 \cdot 2H_2O$	$MgSO_4 \cdot 7H_2O$	KH_2PO_4
质量（g）	16.5	19.0	4.4	3.7	1.7

　　用 ddH_2O 溶解定容至 1000 mL（$CaCl_2 \cdot 2H_2O$ 需单独溶解，稀释后再与其他大量元素溶液混合）。

② 按表 49-2，配制 100 倍的微量元素母液。

表 49-2　100 倍微量元素母液

微量元素	KI	H_3BO_3	$MnSO_4 \cdot 4H_2O$	$ZnSO_4 \cdot 7H_2O$	$NaMoO_4 \cdot 2H_2O$	$CuSO_4 \cdot 5H_2O$	$CoCl_2 \cdot 6H_2O$
质量（mg）	83	620	2230	860	25	2.5	2.5

用 ddH_2O 溶解，定容至 1000 mL（$MnSO_4 \cdot 4H_2O$ 需先用少量 1 mol/L HCl 溶解，然后再与其他微量元素溶液混溶）。

③ 200 倍铁盐母液的配制：称取 EDTA- Na_2 3.73 g，$FeSO_4 \cdot 7H_2O$ 2.78 g，用 ddH_2O 溶解并定容至 500 mL（溶解时可加热）。

④ 有机附加物的配制。

20 mg/mL 的肌醇溶液：肌醇 2 g，ddH_2O 定容至 100 mL。

0.5 mg/mL 的烟酸溶液：烟酸 50 mg，ddH_2O 溶解后定容至 100 mL。

1.0 mg/mL 的甘氨酸溶液：甘氨酸 100 mg，ddH_2O 溶解后定容至 100 mL。

0.5 mg/mL 的盐酸吡哆醇（维生素 B_6）溶液：盐酸吡哆醇 50 mg，ddH_2O 定容至 100 mL。

0.1 mg/mL 盐酸硫胺素（维生素 B_1）溶液：盐酸硫胺素 10 mg，ddH_2O 定容至 100 mL。

⑤ 植物激素的配制。

10^{-3} mg/L 的萘乙酸（NAA）溶液：萘乙酸 18.6 mg，用少量 95% 乙醇溶解后，用 ddH_2O 稀释并定容至 100 mL。

10^{-3} mg/L 的 6- 苄基嘌呤（BA）溶液：BA 22.5 mg，用少量 1 mol/L HCl 溶解后，用 ddH_2O 稀释并定容至 100 mL。

（2）将各种元素母液混合，配制 MS 培养基，其中 1 L 体积中含下列成分（表 49-3）。

表 49-3　1 L MS 培养基成分

成分	体积或质量	成分	体积或质量
大量元素母液	100 mL	烟酸母液	1 mL
微量元素母液	10 mL	盐酸硫胺素（维生素 B_1）母液	1 mL
铁盐母液	5 mL	盐酸吡哆醇（维生素 B_6）母液	1 mL
肌醇母液	5 mL	蔗糖	30 g
甘氨酸母液	2 mL	琼脂	7 g

再按下列浓度分别加入萘乙酸和 6- 苄基嘌呤母液（表 49-4）。

表 49-4　含不同浓度激素的培养基

激素	1 号培养基	2 号培养基	3 号培养基
NAA	1×10^{-6} mol/L	1×10^{-6} mol/L	5×10^{-7} mol/L
BA	1×10^{-6} mol/L	1×10^{-7} mol/L	1×10^{-6} mol/L

注：1 号培养基需加入 10^{-3} mol/L NAA 母液 1 mL，10^{-3} mol/L BA 母液 1 mL；2 号培养基需加入 10^{-3} mol/L NAA 母液 1 mL，10^{-3} mol/L BA 母液 0.1 mL；3 号培养基需加入 10^{-3} mol/L NAA 母液 0.5 mL，10^{-3} mol/L BA 母液 1 mL

（3）煮沸培养基并分装：将培养基定容到 1000 mL 后，用 1 mol/L NaOH 或 1 mol/L

HCl 调 pH 至 5.8，煮沸培养基，使琼脂、蔗糖溶解，然后将培养基分装至 100 mL 三角瓶中，每瓶 40 mL 左右，用封口膜封口，高温高压灭菌（121℃，1.2 atm，15 min）。冷却后备用。

2. 外植体消毒与接种

（1）超净工作台准备：提前 0.5 h 打开超净工作台，用 70% 乙醇喷雾降尘，0.5 h 后备用。然后，用酒精棉球擦拭超净台面，并将所用的一切用具在酒精灯火焰上消毒，冷却后备用。

（2）外植体消毒：取烟草幼嫩展开叶片，用自来水冲洗 2～3 h 后，在超净工作台上消毒，将叶片浸入 70% 乙醇中 5 s，之后移至 2% 次氯酸钠溶液内消毒 8～10 min，用无菌水冲洗 4～5 次。

（3）接种：将消毒后的烟草叶片转入灭过菌的培养皿中，用手术刀切除主脉和大的侧脉，将叶片组织切成 5 mm×5 mm 的小块，每个三角瓶内接入 3～4 块组织。

3. 培养与观察

接种后，将三角瓶置于光照培养箱中，在 10 h 光 /14 h 暗，光强（光合有效辐射）50 μmol/（m^2·s），温度（25±1）℃条件下培养。

接种后每周观察一次，记录外植体上愈伤组织、不定根、不定芽出现的时间。

培养 4 周后，统计每种培养基上外植体生长和分化的情况，并根据实验结果进行分析。

培养基	愈伤组织数	根数	芽数
1			
2			
3			

【思考题】

1. 植物组织培养实验应注意哪些问题才能成功？

2. 在本实验采用的三种培养基中，愈伤组织和器官分化的情况如何？试解释不同激素所起的作用。

实验五十　植物细胞悬浮培养

细胞悬浮培养（suspension culture）是将游离的单细胞及小细胞团在不断振荡的液体培养基中进行培养。这些细胞和小细胞团可来自培养的愈伤组织，也可通过物理或化学的方法从植物的器官或组织分离获得。

悬浮培养的细胞代谢活性较均匀一致，其生长环境易于控制，而且对外界刺激反应灵敏，这些优点使悬浮细胞成为研究植物细胞代谢、环境因素如逆境对细胞生长及胁迫影响的理想材料。此外，细胞悬浮培养还广泛应用于以下几个方面：①筛选突变体。若在培养基中加入不同的诱变因子，通过胁迫诱变，筛选出抗性突变体。借助这一方法可以多途径研究作物的改良。②生产次生代谢物。对能产生重要次生代谢产物的细胞系进行大量培养，实现这种产物的工业化生产。③小孢子悬浮培养还可产生单倍体，进行单倍体育种。

一个成功的悬浮细胞培养体系必须满足以下3个基本条件：①悬浮培养物分散性良好，细胞团较小；②细胞形状和细胞团均一性良好；③细胞生长迅速。悬浮培养所采用的振荡液体培养即能针对这几个方面起重要作用：①振荡可以对细胞团施加一种缓和的压力，使它们破碎成小细胞团和单细胞；②振荡可使细胞团在培养基中保持均匀分布；③培养基的运动会促进培养基和容器内的空气之间进行气体交换，保证细胞呼吸所需的氧气，从而使细胞能够迅速生长。

【实验材料】

烟草愈伤组织。

【实验设备】

超净工作台，恒温培养箱，恒温摇床，高压灭菌锅，pH计，100 mL三角瓶，80目钢丝滤网，镊子，血球计数板，刻度试管等。

【实验试剂】

愈伤组织培养基：MS无机盐溶液 ＋ 2 mg/L甘氨酸 ＋ 1 mg/L维生素 B_1 ＋100 mg/L肌醇＋0.2 mg/L 2, 4-D＋30 g/L蔗糖＋7 g/L琼脂，调pH 5.8。高温高压灭菌（121℃，1.2 atm，15 min）。在超净工作台内，将MS培养基分别倒入已灭菌的培养皿中，每皿约25 mL，凝固后待用。液体培养基除不加琼脂外，其他相同。

【实验步骤与结果】

1. 悬浮细胞的培养

（1）愈伤组织的诱导：愈伤组织的质量是悬浮培养成功的关键。获得的愈伤组织要经过几次继代培养和筛选，得到颗粒小，疏松易碎，外观湿润，白色或淡黄色的愈伤组织。用愈伤组织培养基继代培养愈伤组织，25℃恒温箱中黑暗培养，每20 d继代一次，以保存材料。

（2）接种液体培养基：细胞在进行旺盛分裂期时（继代培养约7 d）就可以转入液体培养基。液体培养基成分与愈伤组织培养基成分相同但不加琼脂。在100 mL三角瓶中加入 20 mL 液体培养基，接种松散易碎的愈伤组织约 2 g，用 80 目不锈钢筛网过滤，去除大的细胞团，然后，将三角瓶封口后放入摇床上进行振荡培养，温度 25℃，转速 120 r/min。

（3）继代培养：每隔 7 d 继代培养一次。继代培养时先将培养瓶静置一段时间，待较大的细胞团沉在培养瓶底部时，吸取中部的细胞悬浮液到新的培养瓶中，加入 2～4 倍的新鲜培养基。

2. 悬浮细胞的测定

（1）细胞生长的计量：可以用细胞计数、细胞体积、细胞干鲜重的增加进行计量。

细胞计数：细胞的密度利用血球计数板测定。

细胞体积的测量：将 15 mL 细胞悬浮液放入刻度离心管中，用 2000 g 离心 5 min。记录沉淀在底部的细胞体积，以每毫升悬浮液中细胞的毫升数来表示细胞的生物量。

细胞的鲜重与干重：悬浮培养材料可放在预先称重的尼龙丝网上滤去培养基，然后称重。干重通常在 60℃烘箱内烘 12 h，冷却后称重。以每毫升悬浮培养液中细胞的鲜重或干重表示细胞的生物量。

（2）细胞活力的测定：在显微镜下，根据细胞质环流和正常细胞核存在的情况，可以鉴别出细胞的死活。也可以用普通染料如 Evans blue 或中性红染色后观察，用 0.025% Evens blue 溶液对细胞进行短时间处理，在普通光学显微镜下观察，不被染色的为活细胞。或用 0.01% 中性红染色，被染为红色的是活细胞。

荧光染料如荧光素二乙酸酯（FDA）也可用于检测细胞的活性。将细胞悬浮液摇匀，取一滴滴于洁净的载玻片上，按 1/4 体积滴加 100 μg/mL FDA，盖上盖玻片，染色 5～10 min，然后在荧光显微镜下观察，活细胞染色后在荧光显微镜下呈绿色荧光。通过可见光和荧光的转换，可统计出统一视野的总细胞数和活细胞数。

细胞活力以活细胞数占总观察细胞数的百分数表示。

【思考题】

1. 比较几种悬浮细胞生长量测定方法的优缺点。

2. 试讨论进行悬浮细胞培养的关键步骤或过程。

实验五十一 玉米叶片原生质体的制备

扫一扫看视频

原生质体不仅是研究蛋白瞬时表达及蛋白间互作的好材料，而且用于细胞融合，克服种间、属间等有性杂交的障碍，实现基因的交流和重组。利用离析酶和纤维素酶对玉米黄化幼苗叶片叶肉细胞进行酶解，通过一定孔径的滤网获取玉米叶肉细胞原生质体。

【实验材料】

刚刚出苗的玉米幼苗在黑暗下培养 10～13 d。

【实验设备】

离心机，恒温摇床，50 mL 离心管，刀片，剪刀，锡箔纸，过滤网（300 目），真空泵，三角瓶，显微镜，载玻片，盖玻片等。

【实验试剂】

1. 酶解液：含 20 mmol/L MES（pH 5.7），0.6 mol/L 甘露醇，1.5% 纤维素酶（cellulase RS），0.75% 离析酶 R-10（macerozyme R-10），10 mmol/L $CaCl_2$，1.5%BSA。

2. W5 溶液：含 4 mmol/L MES（pH 5.7），154 mmol/L NaCl，5 mmol/L KCl，125 mmol/L $CaCl_2$。

3. MMG 溶液：含 4 mmol/L MES（pH 5.7），15 mmol/L 甘露醇，4 mmol/L $MgCl_2$。

【实验步骤】

1. 用剪刀剪取所有黄化苗的第二片叶及第三片叶子，去掉叶尖部和叶基部，将剪取好的玉米叶片放在锡箔纸上，用刀片切成宽约 1 mm 的条状，放入盛有 20 mL 酶解液的三角瓶中。

2. 真空处理 30 min，使酶解液充分进入细胞间隙。

3. 置摇床进行酶解（避光），23～25℃，50～60 r/min，4～5 h。

4. 将酶解后的溶液用 300 目的滤网过滤至 50 mL 离心管中，使用水平离心转头 100 g，离心 5 min，此时离心机的升降速设定为最低。

5. 用移液器吸出上清并弃去，加入 20 mL W5 溶液轻轻颠倒重悬沉淀，100 g 离心 5 min。

6. 重复步骤 6 一次。

7. 弃上清，加入 5 mL 的 W5 溶液，轻轻混匀，冰上静置 30 min。

8. 100 g，离心 5 min，收集，弃上清。

9. 加入适量体积 MMG 溶液（加入 MMG 溶液的体积根据原生质体的量而定，一般每管加 200 μL），轻轻颠倒重悬。

【实验结果】

吸取 10 μL 原生质体于载玻片上，显微镜下进行镜检，一个视野中原生质体数量约为 5×10^5 个。

【思考题】

1. 怎么判断原生质体提取的完整性和数量?

2. 为什么要在 W5 溶液中培养原生质体?

3. 酶解前为什么要进行抽真空处理?

拟南芥的遗传转化——花序浸染法

拟南芥作为模式植物，容易进行遗传转化：不仅可以从叶片组织、根组织等通过诱导愈伤组织进行农杆菌介导的遗传转化，还可以对拟南芥整株植物进行遗传转化。农杆菌转化过程发生在花发育的晚期。研究表明，转化的初级靶细胞可能是胚珠中的性细胞，因此转化后得到的 T_1 代植株都是杂合体。这种转化方法既避免了繁杂组织培养和植物再生等步骤，又为拟南芥基因功能的研究提供了便利。因此可以使用该方法将候选基因转入突变体，获得互补植株，同时也验证了突变体表型所致的基因；此外，它目前还被用于高效的突变体文库的构建，如活化标签库（activation tagging line），为利用反向遗传学研究基因的功能提供了有利的方法保障。

【实验材料】

1. 拟南芥 Col 生态型种子；
2. 含有目的质粒（如 pB1121）的农杆菌 GV3101。

【实验设备】

高压灭菌锅，超净工作台，光照培养箱，恒温干燥箱，三角瓶，烧杯，离心管，培养皿，镊子，小花盆等。

【实验试剂】

1. 75% 乙醇。
2. 1% NaClO 消毒液含 0.05% 吐温 20。
3. 1/2 MS 固体培养基：MS 培养基固体粉末 2.23 g，蔗糖 20 g，琼脂 7~8 g，用 ddH$_2$O 定容至 1 L。1 mol/L KOH 调 pH 至 5.8。分装于 1000 mL 三角瓶中，每瓶 500 mL，用封口膜封好，高温高压（121℃，1.2 atm，15 min）灭菌，冷却至 60℃后加入抗生素或直接倒培养皿。
4. 浸染液：固体 MS 培养基粉末 2.23 g，蔗糖 50 g，Silwet L-77 200 μL。用 ddH$_2$O 定容至 1 L，1 mol/L KOH 调 pH 至 5.8。此液现配现用，Silwet L-77 可最后加入。
5. LB 培养基：蛋白胨 10 g，酵母提取物 5 g，NaCl 10 g，用 ddH$_2$O 定容至 1 L。液体 LB 不加琼脂，固体培养基加琼脂 15 g/L。高温高压（121℃，1.2 atm，15 min）灭菌。使用时根据需要添加抗生素。
6. 抗生素：卡那霉素（kan），庆大霉素（gen），利福平（rif）和潮霉素（hyg）。

【实验步骤】

1. 拟南芥材料的准备

（1）种子的消毒：在 1.5 mL 离心管中将拟南芥种子用次氯酸钠消毒液消毒 10 min，在超净工作台中用无菌水清洗 3~5 次后，弃去无菌水。

（2）低温处理：将消毒的种子放置于 4℃低温处理 2~3 d，以使种子的萌发较为一致。

（3）播种：将种子从冰箱中取出，用无菌水悬浮，用 1000 µL 微量移液器将在水中的种子直接均匀铺在 1/2 MS 固体培养基上，并用封口膜将培养皿封口，放置于光照培养箱中［温度 22℃，16 h 光照 /8 h 黑暗，光强（光合有效辐射）50 µmol/（m² · s），相对湿度为 60%～70%］。

（4）移苗：7～10 d 培养幼苗至两对真叶后，将幼苗移至营养土与蛭石的混合物（营养土与蛭石的体积比为 1∶1）中，盖上塑料膜，在温度为 22℃，光周期为 16 h 光 /8 h 黑暗，光强（光合有效辐射）为 50～100 µmol/（m² · s）的培养室进行培养。2 d 后，揭掉塑料膜，在相同条件下继续培养，期间适时浇水。

（5）去尖：待野生型拟南芥幼苗抽薹 3～5 cm 高时，剪去茎尖端使次级花序生长，剪时刀口应位于最顶端茎生叶的上方。继续培养 4～5 d 后，植株应有许多侧枝，并有一些花蕾，此时的植株可用于转化。

2. 农杆菌的准备

（1）小量培养：将含有目的质粒 pBI121 的农杆菌菌落 GV3101 接种于 10 mL LB 培养液中，其中加入 50 µg/mL kan，25 µg/mL gen 和 100 µg/mL rif，在 28℃下，200 r/min 振荡培养过夜。

（2）大量培养：次日按 1∶50 接种于 200 mL 含有相同抗生素的 LB 培养液中扩大培养至 OD_{600} 为 1.2～1.6，约 6 h。

（3）配制农杆菌悬浮液：5000 g 离心 15 min 收集农杆菌，倒掉上清液。将农杆菌悬浮于浸染液中，使 OD_{600} 为 0.8。

3. 植株的转化

（1）浸染：将 200 mL 农杆菌悬浮液倒在一容器中（如 250 mL 烧杯），使植株花序浸入悬浮菌液中，浸 3～5 s。200 mL 悬浮菌液可以重复使用 3 或 4 次。

（2）保湿培养：取出花盆，侧放于托盘中，盖上黑塑料布，以保持湿度，避光恒温培养 16～24 h。

（3）收集种子：取下塑料薄膜，直立放置花盆继续培养至荚果变黄，小心收集 T_0 代种子。

4. 转化植株的筛选

（1）培养基的制备：1/2 MS 固体培养基配制如上方法所述。

（2）倒皿：提前 30 min 打开超净台，用 75% 乙醇喷雾降尘并擦拭台面。灭菌后的培养基趁热取出并摇匀，待培养基冷却至 60℃左右，加入抗生素使其最终浓度为 25 µg/mL hyg 并摇匀，将 MS 培养基倒入已灭菌的培养皿中，每皿约 25 mL，凝固后待用。

（3）种子的消毒、播种与培养：将转化收获的 T_0 种子适量装入 15 mL 离心管中，加入次氯酸钠消毒液，盖上盖子，反复振摇，使种子与消毒液充分接触，消毒 10～15 min。待种子下沉后，倒掉上层液体，加入灭菌蒸馏水振摇，种子下沉后，弃上清，反复清洗 5 或 6 次。

（4）种子的播种与培养：向离心管中加少许灭菌蒸馏水悬浮种子，用微量移液器将混有水的种子播在 MS 固体培养基表面上，密度为 1000～2000 粒种子 /15 cm 培养皿。等附着在种子表面上的水滴在超净台内基本吹干后，盖好培养皿，用封口膜将培养皿封上。将播种后的培养皿放入 4℃冰箱，低温处理 2～3 d 后放入光照培养箱中培养［22℃恒温，

16 h 光照 /8 h 黑暗，光强（光合有效辐射）50～100 μmol/（$m^2 \cdot s$）]。

【实验结果】

在筛选培养基上培养 7～10 d 后，挑选根系和地上部均能够生长正常的转基因阳性植株，移入土壤继续培养，并取阳性小苗的叶子提基因组 DNA 进行 PCR 鉴定转基因植株。种子成熟后，单株收获 T_1 代种子，加入硅胶粒，放入恒温干燥箱，备用观察及生理学鉴定。

【思考题】

如何提高拟南芥的遗传转化效率？

植物通过不同的光受体来感知不同光质的光，光敏色素（phytochromes, phys）主要感知红光和远红光信号。拟南芥中有五个光敏色素受体，分别命名为 phyA~phyE，其中 phyA 是唯一的远红光受体。phyA 需要进入细胞核才能发挥功能，但其无核定位序列，phyA 入核转运需依赖两个植物特有的同源蛋白：FAR-RED ELONGATED HYPOCOTYL1（FHY1）和 FHY1-LIKE（FHL）。FHY1 与 FHL 是核质穿梭蛋白，这两种蛋白的氨基酸序列同时包含核定位信号（NLS）和核输出信号（NES），它们能与 Pfr 形式的 phyA 互作，高效地将 phyA 转运进入细胞核。

酵母双杂交（yeast two-hybrid）是利用酵母细胞来检测外源蛋白间相互作用的一种技术。转录激活因子一般包含 DNA 结合域（binding domain, BD）和转录激活域（activation domain, AD）。BD 能与靶基因的上游激活序列（upstream activating sequence, UAS）结合，AD 则能够激活转录。AD 与 BD 分开时仍然具有各自的功能，但不能激活转录，只有二者在空间上相互接近时，才能使下游基因转录。基于转录激活因子的这一特点，在酵母细胞中表达分别与 AD 和 BD 融合的两个外源蛋白，当报告基因（其启动子含有能够被 BD 结合的 UAS）被激活时，则表明两个外源蛋白之间可以相互作用。

Quail 实验室于 2002 年创建了一套特殊的酵母双杂交系统，用于检测光敏色素与信号分子之间 Pr/Pfr 型依赖的蛋白 - 蛋白相互作用（图 53-1）。他们将 phyA-BD 或者 phyB-BD 融合蛋白与 AD-PIF3（PIF3 是负调控植物光形态建成的一个 bHLH 家族转录因子）融合蛋白在酵母内共表达，并外源添加生色团 PCB；照射红光后，phyA 或 phyB 处于 Pfr 型，能与 PIF3 蛋白相互作用，*LacZ* 报告基因被激活；照射远红光后，phyA 或 phyB 处于 Pr 型，

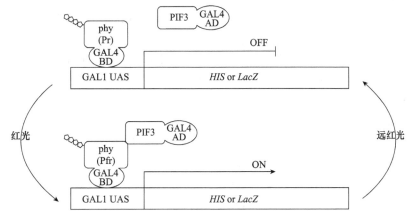

图 53-1 光应答的基因启动子系统

Pr 形式的 phyA 或者 phyB 与 PIF3 不互作，*LacZ* 报告基因不表达。在本实验中，将以上面提到的 Pfr-phyA 与 FHY1 特异的相互作用为例，介绍检测光敏素与信号分子互作的酵母双杂交体系。

"β- 半乳糖苷酶活性测定液体分析法"是检测酵母双杂交体系中 *LacZ* 报告基因表达强度的一种实验方法，可以定量测定 β- 半乳糖苷酶活性。在本实验中，利用表面活性剂——十二烷基硫酸钠（SDS）破碎酵母细胞使其内容物流出，Z 缓冲液为后续反应提供合适的缓冲体系，少量的 β- 巯基乙醇有利于保护酶活性，邻硝基苯 -β-D- 吡喃半乳糖苷（ONPG）作为底物与 β- 半乳糖苷酶反应。ONPG 可被 β- 半乳糖苷酶水解为半乳糖和邻 - 硝基苯酚（ONP），此反应为颜色反应，反应液呈黄色，因此可以通过颜色的变化及测定反应液光吸收值来检测酶活性，从而定量测定 *LacZ* 报告基因的表达强度。因此，"β- 半乳糖苷酶活性测定液体分析法"可用于定性检测蛋白间的互作及定量比较蛋白互作的强度。

【实验材料】

1. 菌株

Y187: *MATα*，*ura3-52*，*his3-200*，*ade2-101*，*trp1-901*，*leu2-3*，*112*，*gal4Δ*，*met⁻*，*gal80Δ*，*URA3:: GAL1_{UAS}-GAL1_{TATA}-lacZ*，*MEL1*。

2. 质粒

pGADT7，pD153，pGADT7-FHY1，pGADT7-FHL，pD153-PHYA。

【实验设备】

常温离心机，超净工作台，恒温培养箱，恒温摇床，单色光培养箱，超微量分光光度计，恒温水浴锅，试管，培养皿，离心管，三角瓶，锡箔纸等。

【实验试剂】

1. 10×LiAc：10.2 g LiAc 溶于 ddH₂O，调 pH7.5，定容至 100 mL，过滤除菌，室温保存。

2. 10× TE：100 mmol/L Tris-HCl（pH 7.5），10 mmol/L EDTA，过滤除菌。

3. 50% PEG：50 g PEG-3350 溶于 ddH₂O，定容至 100 mL，过滤除菌，室温保存。

4. 10 mg/mL 鲑精 DNA：100 mg 鲑精 DNA 溶于 10 mL 去离子水，过滤除菌，分装保存于 −20℃。

5. Z 缓冲液：Na₂HPO₄·12H₂O 21.5 g，NaH₂PO₄·2H₂O 6.22 g，KCl 0.75 g，MgSO₄·7H₂O 0.246 g 溶于去离子水，定容至 1 L，室温保存。

6. 4 mg/mL ONPG：ONPG 粉末 0.4 g 溶于 Z 缓冲液，定容至 100 mL，−20℃保存。

7. 1 mol/L Na₂CO₃：106 g Na₂CO₃ 粉末溶于去离子水，定容至 1 L，室温保存。

8. 螺旋藻 PCB、氯仿、β- 巯基乙醇、0.1% SDS 等。

9. 培养基

（1）YPD 培养基（1 L）：胰蛋白胨 20 g，酵母提取物 10 g，葡萄糖 20 g，琼脂粉（固）20 g，去离子水定容至 1 L，高温高压灭菌（121℃，1.2 atm，15 min）。

（2）氨基酸缺陷培养基（SD/-Leu-Trp，1 L）：无氨基氮源 6.7 g，氨基酸混合物（无亮氨酸，无色氨酸）0.64 g，2 mol/L KOH 调 pH 至 5.8，琼脂粉（固）20 g，ddH₂O 定容至 1 L，高温高压灭菌。

【实验步骤】

1. 酵母转化

（1）挑取 Y187 酵母单菌落接种于 5 mL 液体 YPD 培养基，在 30℃摇床 200 r/min 培养 16～18 h。当菌液 OD_{600} 约为 1 后，将菌液转移至含 50 mL YPD 液体培养基的三角瓶中，继续于 30℃摇床 200 r/min 培养 2～4 h。

（2）菌液培养期间将鲑精 DNA 置于沸水浴 15 min，冰上 5 min。

（3）在超净工作台中各分装 10 μL 鲑精 DNA 至 1.5 mL 离心管，并取 100～200 ng pGADT7（AD）系列及 pD153（BD）系列载体混合至鲑精 DNA 中，混好的质粒 4℃存放待用（质粒混合方案如下）。

① pGADT7　pD153

② pGADT7-FHY1　pD153

③ pGADT7-FHL　pD153

④ pGADT7　pD153-PHYA

⑤ pGADT7-FHY1　pD153-PHYA

⑥ pGADT7-FHL　pD153-PHYA

（4）当菌液 OD_{600} 达到 1 时，用 50 mL 无菌离心管集菌，3000 r/min 离心 5 min，弃去上清，将酵母细胞重悬在 30 mL 无菌超纯水中，3000 r/min 离心 5 min 收集酵母细胞。

（5）离心过程中配制 1×TE/1×LiAc 溶液和 PEG 溶液，配制方法如下。

1×TE/1×LiAc 溶液配制（1 mL）：

10×TE	0.1 mL
10×LiAc	0.1 mL
ddH₂O	0.8 mL

PEG 溶液配（10 mL）：

10×TE	1 mL
10×LiAc	1 mL
50% PEG	8 mL

（6）弃上清，用 2 mL 1×TE/1×LiAc 重悬细胞。

（7）向步骤（3）中混好质粒的离心管中各加 100 μL 菌液，振荡混匀。

（8）加入 600 μL PEG 溶液，振荡混匀，30℃摇床，200 r/min，培养 30 min。

（9）向各离心管中加入 70 μL DMSO，轻轻上下颠倒混匀；

（10）42℃水浴中，热击 15 min，冰上放置 5 min，14000 r/min 离心 5 s，弃上清。

（11）加入 100 μL 1×TE 重悬菌液，涂布于 SD/-Leu-Trp 固体氨基酸缺陷（LT）培养基，30℃恒温培养箱培养 1 周。

2. β- 半乳糖苷酶活性测定

（1）每个转化菌株各挑取 5 个单菌落，接种于 0.5 mL SD/-Leu-Trp 液体氨基酸缺陷（LT）培养基，于 30℃摇床，200 r/min，培养 3～5 h。

（2）在暗室中添加 0.5 mL 含 20 μmol/L PCB 的 SD/-Leu-Trp 液体培养基，用锡箔纸包裹避光，于 30℃摇床 200 r/min 培养 12～14 h；在暗室中将菌液平均分为两份。

（3）进行光处理，其中一份在红光下光照处理 5 min，另一份在红光下光照处理

5 min 后，再转至远红光下光照处理 5 min。

（4）在各管中添加 1 mL 含 10 μmol/L PCB 的 SD/-Leu-Trp 液体培养基，用锡箔纸包裹避光，于 30℃摇床 200 r/min 培养 1~2 h。

（5）再次按步骤（3）进行光处理，并用锡箔纸包裹避光，于 30℃摇床 200 r/min 继续培养 1~2 h。

（6）准备下一步实验用品，配制含 β- 巯基乙醇的 Z 缓冲液（10 mL Z 缓冲液＋27 μL β- 巯基乙醇），配制 0.1% SDS，准备氯仿，4 mg/mL ONPG，1 mol/L Na_2CO_3，准备集菌所用 1.5 mL 离心管。

（7）在暗室中进行实验，从各菌管中吸取 1 mL 菌液至 1.5 mL 离心管，14000 r/min 离心 5 min，弃上清，加入 1 mL Z 缓冲液重悬细胞，14000 r/min 离心 5 min。

（8）弃上清，依次向各离心管中加入含 β- 巯基乙醇的 Z 缓冲液 150 μL，氯仿 50 μL，0.1% SDS 20 μL，并在一个空离心管中加入含 β- 巯基乙醇的 Z 缓冲液 150 μL，氯仿 50 μL，0.1% SDS 20 μL 作为空白对照，充分振荡 15 s。

（9）此步骤开始可在光下进行实验。各离心管中加入 200 μL 4 mg/mL ONPG，充分振荡 5 s，将各离心管置于 30℃水浴中反应，并开始记录反应时间。

（10）待离心管中液体变黄，向各管中加入 500 μL 1 mol/L Na_2CO_3 终止反应，充分振荡 5 s，并停止计时（⑤⑥号酵母菌株红光处理组变为黄色，红光＋远红光处理组及其他菌株呈无色或浅黄色）。

（11）14000 r/min 离心 5 min，吸取 800 μL 上清至比色皿，测 420 nm 下光吸收值 A_{420}。

（12）测剩余菌液 600 nm 下光吸收值 A_{600}。

【实验结果】

分别观察不同酵母菌株间反应液颜色的差异和两组光照条件下反应液颜色的差异，记录反应液吸光值 A_{420} 及菌液吸光值 A_{600}，并计算 β- 半乳糖苷酶活力值。

$$\beta\text{- 半乳糖苷酶活力值（miller units）} = \frac{A_{420} \times 1000}{A_{600} \times T \times V}$$

式中，A_{420} 为反应液 420 nm 下光吸收值；A_{600} 为菌液 600 nm 下光吸收值；V 为菌液收集体积（mL）；T 为反应时间（min）。

【思考题】

1. 在本实验中添加 PCB 及之后摇菌时为何要避光，β- 半乳糖苷酶活性测定实验为何要在暗室中进行？

2. pD153 载体与常用的酵母双杂交的 BD 载体不同之处在于 pD153 的 DNA 结合域位于融合蛋白的羧基端，该设计对本实验有何意义？

实验五十四　日本牵牛开花的光周期诱导与成花信号转移

日本牵牛（*Pharbitis nil*）是典型的短日植物，在子叶期只要给予一个 16 h 的长暗期就可以诱导其花芽分化，是研究光周期诱导开花机制的好材料。本实验利用日本牵牛为材料认识光周期诱导的成花信号的产生和移动过程。

植物接受长暗期诱导的部位是子叶，而花芽是随后在茎端分生组织和腋生分生组织中形成，表明成花信号是从诱导过的子叶移动到分生组织的。通过一系列不同长度的暗期处理，可以确定子叶中成花信号产生所要求的最短持续暗期，通过定时切除诱导过的子叶的一系列平行处理，可以确定成花信号移出子叶的时间。

【实验材料】
日本牵牛种子（光周期敏感品种）。

【实验设备】
人工培养室，花盆，蛭石或石英砂，刀片等。

【实验试剂】
浓硫酸，Hoagland 营养液，凡士林。

【实验步骤】

1. 种子萌发和幼苗培养

将牵牛种子浸泡在浓硫酸中，搅拌 1 h。取出后用大量冷水冲洗以除去种壳上残留的硫酸，再将种子在流水中浸泡过夜使之吸胀。播种在盛有石英砂或蛭石的花盆中，每盆 4 株。然后用 1/2 浓度的 Hoagland 营养液浇透，放置在连续光照的培养室中。大约在两天后，幼苗长出，若种壳包住子叶，妨碍子叶展开，可不断洒水使种壳保持湿润，便于除去子叶，出苗后三天，便可进行光周期处理。

2. 光周期诱导

将播种后 5 d，生长整齐的幼苗分为两组，每组 7 盆，每盆 6 株幼苗。一组用于确定诱导暗期，另一组用于切除子叶实验以确定成花信号移出时间。将 2 组幼苗均移入 25℃暗室，第一组幼苗在暗室中分别保持 0、10 h、12 h、14 h、16 h、18 h、20 h 之后移出暗室，采取适当措施（如给幼苗罩黑塑料袋），以保证从暗室分批移出实验材料时，避免其他实验材料曝光。第二组幼苗在暗室中分别保持 14 h、16 h、18 h、24 h、28 h、32 h 之后移到光下，同时立即切除子叶（在伤口上涂上凡士林防止干燥），以确定光周期诱导所产生的成花信号移出子叶的时间。

经上述处理的幼苗移出暗室后都继续培养于 25℃ 连续光照的培养室内。注意切除子叶的幼苗发育十分缓慢，可减少浇水次数以避免根腐烂。

3. 观察与记录

从播种算起 18～20 d，幼苗已经长出茎和几片真叶，此时已可辨认花芽。切除子叶的幼苗发育较慢，再过 1～2 周后检查花芽是否形成。每一植株的所有叶腋和顶端都应加以检查。花蕾具有两个紫绿色的苞片，而叶原基上有灰白色的毛，由此加以辨认。外观上不能肯定时应当用体视显微镜进行镜检。

经过适当诱导的植株，每一株上产生 6～7 个花芽，一般有依次 3 个叶腋花芽和一个顶花芽，在顶花芽之下还有 3 个轮生的苞片腋花芽。切除子叶的幼苗，一般带苞片的花芽减少到 1 或 2 个。

每一株植物做如下记录：①第一个具花芽的节位，子叶以上第一真叶为第一节；②是否具有顶花芽；③每株花芽总数。

【实验结果】

据实验结果绘制以下曲线：

（1）完整幼苗，不同长度暗期对每株植物平均花芽数作图。

（2）切除子叶幼苗，切除子叶时间对每株植物的平均花芽数作图。

【思考题】

讨论观察到的现象。

开花刺激物在短日植物中通过嫁接的传递

许多植物需要经过一定的昼夜光暗交替才能开花,这一现象称为光周期现象。在光周期诱导开花的植物中,叶片是光周期诱导的感受器官,但成花反应却发生在茎端生长点,即在光周期诱导下,在叶片中产生一种信息,这种信息通过叶柄及茎传递到茎生长点,在生长点引起了花芽分化。这种信息称为开花刺激物或成花素。

从受光周期诱导的植株上取叶片或和枝条(供体)嫁接到未受光周期诱导的植株(受体)上,受体植株即使处于非诱导日照条件下,植株也可以形成花芽。说明开花刺激物可从供体植株传递到受体植株。

【植物材料】

紫苏种子,白苏种子。

【实验设备】

花盆,园土及肥料,铁架子与黑布罩,灯管及自动控制日照长度的设备。

【实验试剂】

0.1% 次氯酸钠。

【实验步骤】

1. 三月上旬将紫苏种子、白苏种子播于花盆中,放在室温 20~25℃的温室中生长。当幼苗高约 10 cm 时,移栽于较大的花盆中,每盆两株。将移栽后的植株放于长日照条件下处理,即在人工补充光照为每天 20 h 的长日条件下生长。为使植株生长均匀、整齐,每星期倒换花盆所处的位置,使靠外侧和靠中央的花盆变换位置。

2. 在植株长到 15~20 cm 高时,对植株进行不同日照处理:将 1/4 植株放在 8 h 光照和 16 h 黑暗的短日条件下,剩余 3/4 植株仍放在长日条件下,温室室温保持在 20~25℃。

3. 供体叶片的准备:经过大约 4 周的短日照诱导,供体植株形成许多花芽,当第一朵花开放时,即可进行嫁接。采用供体植株最上面的 2~3 对叶片,以营养生长的受体植株同部位叶片作为对照,用菱形纸板将叶片修剪为 30 cm² 大小,将修剪好的叶片浸在含 0.1% 次氯酸钠的溶液中数分钟,取出叶片,将叶柄削短到 1.5~2.0 cm,并削成楔形,泡于水中待用。

4. 受体植株的准备及嫁接:从受体植株的基部数起,除第 1 和 2 对叶片外,其余叶片均去掉,只保留次生芽。将植株去顶,留下 1.5~2 cm 的幼嫩节间,其长度与供体的叶柄长度相近。用刀片将节间全长在叶柄平面方向沿中部纵向劈开,环绕劈开的节间用两根尼龙丝绳松松捆扎。将供体叶片的楔状叶柄插入受体节间,并将尼龙绳的结扣拉紧。将嫁接部位套在塑料袋内,将袋捆在插于盆中的小竹竿上。将嫁接植株放在长日条件下,室温保持在 25~28℃,愈合期间避免阳光直射。

5. 嫁接植株的管理及观察:嫁接后 1 周,除去塑料袋,如果供体植株没有发生萎蔫，表明嫁接成功。此时需注意给植株施肥。在受体植株出现花原基前，每周将大于 1 cm 的叶片去除。在嫁接后第 4 周，对花芽的数量及开花情况进行记录。

【实验结果】

对所得结果进行以下计算：

（1）嫁接成功的百分数；

（2）受体植株产生花芽的百分数；

（3）受体植株各节位上产生花芽的天数及开花的情况。

【思考题】

1. 紧邻供体叶下方的枝条上的花芽和在较下枝条上的花芽是否同时出现？这个结果说明了什么？

2. 供体叶片在非诱导条件下，为受体植株提供了开花刺激物。这可以理解为是由于供体叶片储存了在短日条件下所合成的刺激物，也可理解为叶子在长日条件下新产生的刺激物，试设计一个实验把这两种情况区分开。

3. 受体植株为什么要去除叶片？如果不去叶，对结果会有怎样的影响？

实验五十六　花粉活力的测定

不同种类植物的花粉离开花药以后保持生活力的时间有很大差异，有的寿命很短，如水稻花粉，只有 5～10 min，有的很长，如梨、苹果有 71～210 d，向日葵可保持 1 年。影响花粉生活力的因素，主要是温度、湿度和空气成分。在高温、高湿和高氧条件下，花粉容易丧失生活力。

一、花粉活力的测定——TTC 显色法

氯化三苯基四氮唑（TTC）是一种氧化还原色素物质。溶于水中为无色溶液，但还原后生成红色不溶于水的三苯基甲腙。生成的甲腙呈稳定的红色，不会被空气中的氧自动氧化。因此，被广泛地用作酶试验的受氢体。

【实验材料】
小麦或水稻的花粉。

【实验设备】
显微镜，镊子，载玻片，盖玻片等。

【实验试剂】
0.5% TTC 溶液：TTC 0.5 g，用少量 95% 乙醇溶解，用 ddH_2O 定容至 100 mL。溶液避光保存。

【实验步骤】
取小麦或水稻花粉少许放置于载玻片上，加 0.5%TTC 溶液 1～2 滴，盖上盖玻片，置于 35℃ 温箱中保温 20 min，取出放于显微镜下观察，根据花粉着色深浅的不同可判断花粉的活力。凡呈现红色的是活力强的花粉，粉色花粉活力次之，不着色的花粉是无活力或不育花粉。

【实验结果】
统计花粉染色率：观察 2～3 张片子，每片取 5～6 个视野进行统计，以染色率表示花粉的活力百分率。

二、I_2-KI 染色法

花粉中所含的淀粉的有无与多少可作为判断花粉发育程度的指标。大多数正常的成熟花粉呈球形，含有较多淀粉，遇 I_2-KI 溶液可被染成蓝色。发育不良的花粉呈畸形，通常不含淀粉或含淀粉较少，遇 I_2-KI 溶液不被染色或染成黄褐色，因此根据花粉的着色情况可鉴别花粉的活力。

【实验材料】
小麦或水稻的花粉。

【实验设备】

显微镜，镊子，载玻片，盖玻片等。

【实验试剂】

I_2-KI 溶液：KI 2 g 溶于 10 mL ddH₂O 中，加入 1 g I_2，待其完全溶解后，加蒸馏水至 300 mL，储于棕色试剂瓶中。

【实验步骤】

从小麦、水稻植株上采集成熟花药，取 1 粒花药置于载玻片上，加 1 滴蒸馏水，用镊子将花药压碎，释放花粉粒，加 1 滴 I_2-KI 溶液，盖上盖玻片，显微镜下观察。染为蓝色的为活力较强的花粉粒，不被染色或染成黄褐色的为发育不良的花粉粒。

【实验结果】

统计花粉染色率：观察 2～3 张片子，每片取 5～6 个视野进行统计，以染色率表示花粉的活力百分率。

三、过氧化物酶法

花粉中含有过氧化物酶，活力高的过氧化物酶活性也高。过氧化物酶能与过氧化氢形成一种复合物，使过氧化氢活化，从而能氧化酚类化合物，如多酚或芳香族胺发生氧化，产生紫红色化合物，根据颜色的变化可判断花粉的活力。

【实验材料】

水稻或小麦花粉。

【实验设备】

显微镜，镊子，载玻片，盖玻片等。

【实验试剂】

1. 试剂 A：3% H_2O_2。

2. 试剂 B：为以下三种溶液等量混合液。

5% 联苯胺溶液：0.25 g 联苯胺先用少量乙酸溶解，再溶于 50 mL 50% 乙醇。

0.5% α- 奈酚溶液：0.25 g α- 奈酚溶于 50 mL 50% 乙醇。

0.25% 碳酸钠溶液：0.125 g 碳酸钠溶于 50 mL 蒸馏水。

【实验步骤】

取水稻或小麦花粉放在干净载玻片上，加入试剂 A 和试剂 B 各 1 滴，混匀后加盖玻片，置 30℃保温箱中保温 10 min，在显微镜下观察，被染成紫红色的花粉为有活力花粉，染色很浅或无色花粉为无活力花粉。

【实验结果】

统计花粉染色率：观察 2～3 张片子，每片取 5～6 个视野进行统计，以花粉染色率表示花粉的活力。

【思考题】

比较不同方法的优缺点及注意事项。

实验五十七　拟南芥体外花粉萌发和花粉管生长

被子植物的雌雄配子体，也被称为胚囊和花粉，分别产生于雌蕊的胚珠和雄蕊的花药中。当植物开花时，成熟的花粉被传递到雌蕊的柱头上，经识别后萌发出管状的花粉管，花粉管入侵柱头，并在雌蕊的引导组织中极性生长，最终进入胚珠的胚囊中，并释放其携带的两个精细胞进行双受精。花粉是植物的雄配子体，在有性生殖中传递雄性亲本的遗传信息。花粉萌发与花粉管生长是植物完成有性生殖的重要过程，也是研究植物细胞极性生长、分化及信号转导的重要模式材料，因此观察花粉萌发和花粉管生长的过程具有重要的生理意义。

【实验材料】
长日照条件下（16 h光照/8 h黑暗）生长的野生型拟南芥Col。

【仪器设备】
小剪刀，小镊子，培养皿，湿盒，载玻片，恒温培养箱，体视显微镜，微波炉等。

【实验试剂】
培养基母液：20 mmol/L $CaCl_2$，20 mmol/L $Ca(NO_3)_2$，20 mmol/L $MgSO_4$，20 mmol/L H_3BO_3，高温高压灭菌（121℃，1.2 atm，15 min），4℃保存。

【实验步骤】
1. 配制花粉固体培养基：加入上面母液各1 mL和16 mL的 ddH_2O，3.6 g蔗糖，调节pH至7.0，加入0.12 g琼脂粉。微波炉加热至琼脂粉完全溶解后，冷却至60℃左右将其倒入培养皿，在超净台中使其凝固。

2. 将花粉固体培养基切成边长0.5 cm左右的方块，放在载玻片上。

3. 取开放的拟南芥花，在体视镜下将花药开裂释放出的花粉均匀地沾撒在培养基上。

4. 把放有花粉培养基的载玻片放在一个封闭的且保湿的盒子中。

5. 湿盒放置于28℃温箱中培养3~4 h。

6. 体视显微镜下观察花粉萌发和花粉管生长状况。

【实验结果】
显微镜下观察拟南芥Col花粉萌发状况，统计花粉萌发率，并用Image J软件测量花粉管的长度。

【思考题】
1. 分析花粉萌发率高或低的原因。

2. 实验中用到的 H_3BO_3 和蔗糖发挥什么作用？

3. 除了花粉体外萌发实验以外，还有哪些测定植物花粉活力的方法？

实验五十八 拟南芥的人工授粉技术

扫一扫看视频

人工杂交在植物育种中广泛应用，为改善和培育新品种提供了很好的支持。杂交可以使双亲的基因重新组合，形成各种不同的类型，为选择提供丰富的材料，增加生物多样性。在生物学实验中，可以用人工杂交技术进行遗传分析等。本实验以拟南芥野生型（Ler）和雌性不育突变体（ms1）为材料，学习人工杂交技术，并学会对后代的表型进行观察和分析。

【实验材料】

长日照条件下（16 h 光 /8 h 暗）生长 25 d 的拟南芥野生型 Ler 和突变体 ms1。突变体角果短小，结实率只有 50%，本实验中以野生型 Ler 为父本、突变体 ms1 为母本进行杂交。

【仪器设备】

杂交镊子，体视显微镜等。

【实验步骤】

1. 在作为母本的拟南芥植株 ms1 处于盛花期时，选择刚刚露白或即将露白的花蕾在体视镜下用杂交镊进行人工去雄，即去掉花苞的萼片、花瓣及六个雄蕊，避免伤害到雌蕊（此时雌蕊表现为干燥、不成熟）。

2. 已去雄的母本柱头的乳突细胞发育好时（肉眼或体视镜下可以观察到毛茸茸状的乳突细胞，大概 24～36 h），用镊子夹取野生型父本开放的花并将之在去雄花的柱头上进行轻柔地涂抹。

3. 间隔 2 d 后可以进行下一轮的杂交。

4. 当获得足够的能够作遗传分析的角果数量时，用镊子除去该株植物的花序，以免新长的角果与已杂交过的角果混淆。

5. 杂交后等待角果成熟，并选择一角果在体视显微镜下剖开统计其内的种子数，与野生型进行比较。

6. 整株杂交后形成的角果 15 d 后收获种子并进行相关的统计分析。

【实验结果】

观察并统计杂交角果的结实率。

【思考题】

1. 在对母本进行去雄时需要注意哪些事项？

2. 拟南芥最佳的授粉时期是什么时间？

不良环境对植物的伤害

当植物受到干旱或其他不良条件影响时，细胞的原生质结构会受到伤害，尤其是细胞膜系统受损，使得质膜的透性增加，胞质中的溶质颗粒将有不同程度的外渗，进入周围环境中，使外液的溶质浓度增大，电导率相应增加。因此通常通过外液电导率的测量反映物质的外渗程度，进一步判断植物受不良环境侵害的程度。

【实验材料】

绿豆芽，小麦或玉米苗。

【仪器设备】

电导率仪，电冰箱，恒温培养箱，烧杯，量筒，镊子，刀片，玻璃板等。

【实验试剂】

去离子水。

【实验步骤】

1. 选取大小一致的绿豆芽 30 株，分成 3 组，在玻璃板上用刀片将绿豆芽下胚轴切成 1~2 cm 长的切段，10 段为一组，分别放于烧杯中，将 3 个盛有材料的烧杯再分别置于 60℃温箱、−20℃的冰箱和室温下。

注：如果实验材料为玉米等较大的植物叶片时，可以用打孔器取叶圆片测定。

2. 经过 1 h 处理后，再向各烧杯中分别加入 20 mL 去离子水，在室温下平衡 30 min，用电导率仪测定各处理的溶液电导率。

【实验结果】

分别测量并记录去离子水、对照及不同温度处理 1 h 后溶液的电导率。

【思考题】

1. 比较不同条件处理后溶液电导率的差异并说明原因。

2. 本试验在取材上应注意什么？

实验六十　植物体内游离脯氨酸含量的测定

扫一扫看视频

在正常环境条件下生长的植物，体内游离脯氨酸的含量较低，但当遇到逆境（如旱、寒、盐等）时，植物体内游离脯氨酸的含量可增加 10～100 倍，常用游离脯氨酸的含量作为植物抗逆性指标。

植物体内的游离脯氨酸可用磺基水杨酸提取。在酸性条件下，脯氨酸和茚三酮反应生成稳定的红色产物（反应式如下），红色产物用甲苯萃取后，用比色法在波长 520 nm 下测定其吸收，进而通过标准曲线计算脯氨酸的含量。

【实验材料】
正常生长及干旱条件下的小麦植株。

【仪器设备】
分光光度计，恒温水浴锅，25 mL 具塞试管，剪刀，滴管等。

【实验试剂】
1. 酸性茚三酮溶液：茚三酮 2.5 g，加入 60 mL 冰醋酸和 40 mL 磷酸，于 70℃ 下加热溶解。冷却后贮于棕色试剂瓶中，4℃ 存放。
2. 脯氨酸标准溶液：脯氨酸 0.0250 g，溶解并定容至 250 mL ddH$_2$O，其浓度为 100 μg/mL。稀释 5 倍，配制成浓度为 20 μg/mL 的脯氨酸标准液。
3. 3%（W/V）磺基水杨酸：磺基水杨酸 3 g，溶解并定容至 100 mL ddH$_2$O 中。
4. 冰醋酸，甲苯。

【实验步骤】
1. 游离脯氨酸提取：称取新鲜和萎蔫小麦叶片各 0.50 g，将称好的样品放入具塞试管中，加入 5 mL 3% 磺基水杨酸溶液，再将试管浸入沸水浴中提取 15 min。同时再平行称取新鲜和萎蔫小麦叶片各 0.50 g，烘干，称重，用于计算样品中脯氨酸含量。
2. 制作标准曲线：取 6 支 25 mL 具塞试管，编号。分别向各试管准确加入脯氨酸标准液 0、0.2 mL、0.4 mL、0.8 mL、1.2 mL、1.6 mL，再用蒸馏水将体积补至 2 mL，摇匀，便配成了每 1 mL 分别含 0、2 μg、4 μg、8 μg、12 μg、16 μg 脯氨酸的标准系列。

　　向各管加入冰醋酸和酸性茚三酮各 2 mL，摇匀，在沸水浴中加热显色 30 min，取出后冷却至室温，向各管加入 5 mL 甲苯，充分振荡，以萃取红色产物。避光静置（4 h 以上），待完全分层后，用滴管吸取甲苯层，用分光光度计在 520 nm 波长下测定吸光值，以脯氨酸含量为横坐标，吸光值为纵坐标，绘制标准曲线。

　　3. 在制作标准曲线的同时，分别吸取正常对照及干旱处理样品的提取液各 2 mL 于试管中，加入冰醋酸和酸性茚三酮各 2 mL，与脯氨酸标准系列同时加热显色并测定。

【实验结果】

按下式计算待测样品中脯氨酸的含量：

$$脯氨酸（\mu g/g）= \frac{C \times V}{W}$$

式中，C——从标准曲线上查得脯氨酸含量（$\mu g/mL$）；

　　　　V——提取液总体积（mL）；

　　　　W——样品干重（g）。

【思考题】

1. 为什么要用甲苯进行萃取？

2. 测定植物体内游离脯氨酸有何意义？

实验六十一　红外成像法检测植物叶片温度

扫一扫看视频

　　叶片温度是研究光合作用、蒸腾作用及生长发育等过程的重要指标，受到环境温度、光照、风速等的影响。叶片的温度主要受气孔调节，气孔正常开放时，蒸腾作用带走叶片内大量水分，叶表面温度降低。生物或非生物胁迫导致植物气孔开闭异常时，蒸腾作用受到影响，叶片温度也受到相应影响。因此，通过测量叶片温度变化可以间接反映植物受胁迫的状况。处于绝对零度以上的物体，会发出不同波长的电磁辐射，物体的温度越高，红外辐射越强。红外照相机能够通过光学成像物镜将叶片表面发出的红外辐射汇聚到红外探测器上，通过转换和处理转化成电信号，最后转变为视频信号反映在显示器上，形成红外热图像。该红外相机非常灵敏，能检测到小于 0.1℃的温差。热图像能够反映叶片整体温度分布情况，不同颜色代表叶片的不同温度。胁迫处理下的植物热图像，可作为判断植物对胁迫抗性的指标之一。例如，植物遭受干旱胁迫时，气孔关闭，蒸腾速率下降，叶片温度上升，通过红外相机可以检测到叶片温度上升的热图像。本实验选取野生型（*Col*）和旱敏感突变体（*ghr1*）两种拟南芥材料，旱处理后用红外相机拍照，根据热图像的颜色，比较二者的抗旱性差异。

【实验材料】

　　短日照（12 h 光 /12 h 暗）下生长 3 周的拟南芥野生型 *Col* 和突变体 *ghr1* 幼苗，实验前一周停止浇水。

【仪器设备】

　　Jenoptik 红外热像仪 VarioCAM®HD 结构如图 61-1。

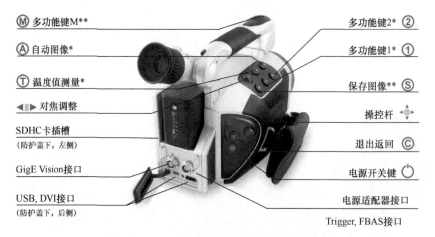

图 61-1　Jenoptik 红外热像仪 VarioCAM®HD

【实验步骤】

　　1. 将野生型拟南芥 *Col* 和突变体 *ghr1* 置于一个托盘中放在通风干燥处。

2．放置一段时间，环境条件稳定后，准备用 varioCAM HD 红外相机拍照。

3．准备工作：安装电池（提前将电量充满）、SD 存储卡，打开相机镜头保护盖。

4．开机：按红色开关按钮，等待仪器完成自动初始化。

5．拍摄：对准野生型和突变体拟南芥，按下按钮"A"调为自动模式（仪器自动识别环境温度并确定相对合适的温差范围），左右调节按钮"T"下方的调焦钮至合适的焦距，使物像清晰，半按下按钮"S"定格图像，全按下按钮"S"保存图像。

6．如果自动模式下的温差范围没有拍出野生型和突变体的差别，则需要手动调节温差范围。在显示器的主界面，左侧菜单栏有四项，从左至右依次为"图像""文件""测量""设置"。第一项"图像"的子菜单一为手动模式，按下操纵杆（按钮"C"右侧）表示选中，选中后出现下拉菜单，按下操纵杆选中第一项"水平值/范围"，选中后可通过上、下、左、右变换操纵杆调节合适的温差范围：上调表示提高整体温度，下调表示降低整体温度，左调表示缩小温度跨度，右调表示扩大温度跨度。调至可看出明显区别的温差范围后，调焦拍摄。按下按钮"C"可退出调节界面。

7．图像查看与删除：回到显示器主界面后，右移操纵杆跳至菜单栏第二项"文件"，按下操纵杆选中"导入"，下移操纵杆选中下拉菜单第二项"图库"，选中即可查看红外热图。按钮"S"可来回切换红外热图和可见光图像；按钮"2"可删除图像；按钮"C"可退出查看界面。

8．1 h 后重复拍照一次。

9．图像导出：可直接用读卡器将 SD 存储卡中数据导出，也可用相机数据线导出数据。

10．关机：按下红色开关按钮，左右移动操纵杆可选择"是""否""待机"。选择"是"并按下操纵杆后仪器关闭。

11．拆卸电池、SD 存储卡，盖上相机镜头保护盖。

12．将得到的红外照片用 IRBIS 3 professional 软件分析叶片表面温度。

【实验结果】

1．展示野生型和突变体的红外相机照片；分析确定不同植株的叶片温度。

2．根据图片结果比较野生型和突变体对干旱的敏感情况，并进行分析。

【思考题】

1．为提高红外相机检测的准确度，需要考虑哪些因素？

2．除了在植物抗旱研究中的应用，红外相机还能在植物研究中应用在哪些方面？

实验六十二　植物离体叶片失水表型观察及其失水率测定

　　植物水分散失的主要器官是叶片，其中又主要是通过气孔来实现的。因此，离体叶片水分的散失情况在很大程度上反映了整体植株的水分状态。离体叶片暴露于空气中，由于水分的扩散而又得不到及时的补充，叶片会出现萎蔫表型，且随着时间的延长而加剧。通过称重法可以定量地测定出叶片在不同时间段失水的程度（失水率）。不同植物、同一植物不同品种、不同生长发育阶段叶片的失水情况不同，一般，植物的抗旱性与离体叶片失水状况呈负相关。因此可以通过观察离体叶片的失水表型和测定其失水率来鉴定植物的抗旱性。本实验以拟南芥为材料，选取野生型（*Col*）和旱敏感突变体（*ghr1*）两种抗旱性有明显差异的材料进行对比实验，观察二者离体叶片的失水表型及其失水率的差异，分析比较它们的抗旱性差异。

　　【实验材料】

　　短日照条件下（12 h 光 /12 h 暗）生长 3 周的拟南芥野生型 *Col* 和突变体 *ghr1* 幼苗，大约有 10 片莲座叶，实验前一天浇足水（注：短日照可以使植物抽薹晚，叶片长的大；抽薹后对失水影响很大，就不宜作为观察材料了）。

　　【实验设备】

　　小剪刀，小镊子，培养皿等。

　　【实验步骤】

　　1. 将两张称量纸分别称重，并记录下重量。

　　2. 离体叶片失水表型的观察：选取野生型拟南芥 *Col* 和突变体 *ghr1* 大小一致的植株，用小剪刀和小镊子剪取叶片。分别放到称量纸上称重，野生型和突变体各取 4~5 株苗中等位的 10 片叶，记录下重量。二者初始鲜重尽可能相差小于 0.5 g。将叶片连同称量纸分别置于两个培养皿中，暴露在空气中约 0.5 h、1 h、2 h、3 h、4 h 后观察并记录表型。

　　3. 离体叶片失水率的测定：对上述暴露在空气中的两种不同的叶片在不同的时间称重，并记录称量结果。

　　【实验结果】

　　1. 比较两种离体叶片失水表型，记录拍摄叶片失水过程中的变化过程，包括萎蔫出现的快慢、形态变化等。

　　2. 绘制离体叶片失水率的折线图：以失水率（%）为纵坐标，时间（h）横坐标，绘图。

$$失水率（\%）=（W_1-W_2）/W_1$$

式中，W_1——离体叶片失水前的质量（g）；

　　　　W_2——离体叶片在空气中分别放置 0.5 h、1 h、2 h、3 h 后的质量（g）。

【思考题】

1. 影响离体叶片失水率的因素有哪些?

2. 叶片失水与气孔有何关系?

3. 除离体叶片失水率测定以外,还有哪些检测植物抗旱性的方法指标?

植物组织中超氧化物歧化酶活性的测定

扫一扫看视频

活性氧（reactive oxygen species，ROS）泛指那些代谢过程中产生的含有氧原子、化学性质比氧更活泼的氧的衍生物，主要包括 $O_2^{\cdot-}$、H_2O_2、$\cdot OH$、$^1O_2$ 等，它们能氧化生物分子，破坏细胞膜的结构与功能。在正常环境中生长的植物体内代谢通常以较低的速率产生活性氧，产生的活性氧通常被自身的抗氧化系统所消除，一旦活性氧产生的量超过抗氧化系统所能消除的能力，就会发生氧化胁迫，从而导致蛋白质、DNA 损伤和脂类过氧化。当植物受到干旱、盐害、温度等逆境胁迫时，活性氧产生增加，活性氧产生与抗氧化系统之间的平衡被打破，导致活性氧上升，使植物产生损伤。

超氧化物歧化酶（SOD）是一种广泛存在于动、植物及微生物中的金属酶，主要功能是特异性地催化超氧阴离子的歧化反应，即：

$$2O_2^{\cdot-}+2H^+ \xrightarrow{\text{SOD}} H_2O_2+O_2$$

SOD 与过氧化氢酶（CAT）和过氧化物酶（POD）配合，防止活性氧对机体的伤害，对提高植物的抗逆性及防御机体衰老有十分重要的作用。

在有可氧化物质存在下，核黄素可被光还原，被还原的核黄素在有氧条件下极易再氧化而产生氧自由基（$O_2^{\cdot-}$）。$O_2^{\cdot-}$ 可将氮蓝四唑还原为蓝色的甲瓒，后者在 560 nm 处有最大吸收。而 SOD 可清除 $O_2^{\cdot-}$，从而抑制了甲瓒的形成。因此，在光还原反应后，反应液蓝色愈深，说明酶活性愈低，反之酶活性愈高。

【实验材料】
正常生长及逆境处理的小麦。

【仪器设备】
低温高速离心机，分光光度计，制冰机，研钵，离心管，烧杯，试管，锡箔纸，剪刀等。

【实验试剂】
1. SOD 提取液：0.05 mol/L 磷酸缓冲液（pH7.8，内含 1% 聚乙烯吡咯烷酮）。
2. 0.05 mol/L 磷酸缓冲液（PBS），pH7.8。
3. 130 mmol/L 甲硫氨酸（Met）溶液：甲硫氨酸 1.9397 g，PBS 定容至 100 mL。
4. 750 μmol/L 氮蓝四唑（NBT）：NBT 0.0613 g，PBS 定容至 100 mL，避光保存。
5. 200 μmol/L 核黄素溶液：核黄素 0.0075 g，PBS 溶解并定容至 100 mL，避光放置，现用现配，并稀释 10 倍使用。
6. 100 μmol/L EDTA-Na$_2$。

【实验步骤】
1. 粗酶液提取：分别取 0.50 g 小麦叶片于预冷的研钵中（−20℃预冷却 30 min），加入预冷的提取液 2 mL 于冰浴上研磨成匀浆，转移至 15 mL 离心管中，用提取液 1～2 mL 冲洗研钵 2～3 次，合并冲洗液于离心管中并定容至 10 mL，配平后离心（4℃，13000 g）20 min，上清液即为 SOD 粗提液，倒入相应的试管中，将试管放在冰浴中待测。

2. 显色反应：取透明度较好的试管 4 支，2 支为测定管，2 支为对照（分别为样品对照和仪器调零），按表 63-1 加入相应试剂，混匀。将 1 支对照管罩上锡箔纸，与其他 3 支试管同时置于日光灯下照光 1.5 h，要求各管照光一致，温度 25～35℃，反应时间视酶活而定。

表 63-1　显色试剂

试剂名称	用量（mL）	试剂名称	用量（mL）
0.05 mol/L 磷酸缓冲液	1.5	20 μmol/L 核黄素溶液	0.3
130 mmol/L Met 溶液	0.3	酶液 / 或缓冲液	0.1（2 支对照管加缓冲液代替）
750 μmol/L NBT 溶液	0.3	蒸馏水	0.5
100 μmol/L EDTA-Na$_2$ 液	0.3		

反应结束后，用锡纸罩上各试管，终止反应。以遮光的对照作为空白，分别在 560 nm 波长下测定各管的吸光值。

【实验结果】

按下式计算 SOD 活性，以每克鲜重酶单位表示：

$$SOD\ 活性 = \frac{(A_0 - A_s) \times V_T}{A_0 \times 0.5 \times W \times V_1}$$

式中，A_0——光照对照的吸光值；

A_s——样品的吸光值；

V_T——样品总体积（mL），即提取液的总体积；

V_1——测定时样品用量（mL），即测定时所吸取酶液的体积；

W——样品鲜重（g）。

【思考题】

1. 根据实验结果说明逆境下 SOD 活性与对照相比较有何变化，分析原因。

2. 实验中影响 SOD 活性测定的因素有哪些，如何控制这些影响因素？

植物组织中过氧化氢酶和过氧化物酶活性测定

在正常环境中生长的植物通常以较低的速率产生活性氧，产生的活性氧通常被抗氧化系统所阻抑，但是一旦活性氧产生超过抗氧化系统所能承受的范围，就会发生氧化胁迫，从而导致细胞质蛋白质的损伤、DNA 损伤和脂类过氧化。当植物的生存环境受到诸如干旱、温度、空气污染、重金属、病虫害、土壤 pH 的胁迫时，就会产生活性氧，活性氧的量与抗氧化系统之间的平衡就被打破，活性氧上升，对植物造成损伤。

活性氧的产生机制：活性氧（ROS）是泛指那些代谢过程中产生的含有氧原子，但其化学性质比氧更活泼的氧的衍生物。主要包括 $O_2^{\cdot-}$、H_2O_2、$\cdot OH^-$、$^1O_2$，它们的产生涉及需氧生物生化反应的主要领域，尤其是植物细胞的叶绿体、线粒体中更易产生 ROS。

在环境胁迫初期，植物体内的抗氧化物质上升，自身会产生一定的保护性反应，因为植物体内对逆境胁迫存在防御系统。此防御系统中一类是酶促防御系统即重要的保护酶，除了超氧化物歧化酶（superoxide dismutase，SOD）外，还有过氧化氢酶（catalase，CAT）、过氧化物酶（peroxidase，POD）、谷胱甘肽过氧化物酶（GSH-POD）等，可清除过剩的自由基，使体内自由基维持正常的动态平衡，提高植物的抗逆性。

本实验研究盐胁迫下植物体内保护酶 CAT 和 POD 活性变化，了解 CAT 和 POD 对高盐引发植物体内自由基毒害的保护作用机制。

一、过氧化氢酶活性的测定

过氧化氢酶（CAT）是一种在植物细胞中广泛存在的酶。反应最适 pH 为 7.0，最佳温度为 37℃。冷冻、干燥、光和氧气都能降低酶的活性。

过氧化氢酶催化分解过氧化氢生成氧和水，240 nm 处吸光值可以衡量反应混合物中过氧化氢含量降低的程度。

【实验材料】

温室盆栽盐敏感和耐盐品种小麦，待小麦长至 20 cm 高时，用 150 mmol/L NaCl 处理各品种小麦，并以不处理的小麦为对照。每盆 NaCl 溶液体积为 400 mL，盐胁迫处理 4 h。

【实验设备】

恒温水浴锅，冷冻高速离心机，紫外 / 可见分光光度计，制冰机，研钵，50 mL 带盖离心管，烧杯，量筒，剪刀等。

【实验试剂】

1. CAT 底物溶液：2% H_2O_2。
2. 50 mmol/L 磷酸缓冲液，pH 7.0。
3. 巯基乙醇，$CaCO_3$，石英砂，聚乙烯吡咯烷酮（PVP）。

【实验步骤】

1. 粗酶液提取：称取 0.5 g 小麦叶片加入少量 $CaCO_3$ 和石英砂，用预冷的 50 mmol/L 磷酸缓冲液（加入 1% PVP，0.1% 巯基乙醇）5 mL 于冰浴上研磨（研钵 -20℃ 预冷却 30 min），定容至 10 mL，然后在 0~4℃ 下离心（13 000 g）20 min，上清液即为粗酶提取液，用磷酸缓冲液稀释 5 倍用于实验。

2. 样品酶活性测定：用移液器分别将 0.1 mL 2% H_2O_2 和 2 mL 磷酸缓冲液加入 1 cm 比色皿中，再加入 0.1 mL 粗酶提取液，常温下混匀，立即在 240 nm 处 5 min 内测定吸光值，每隔 1 min 读一次数，直至每分钟的吸光值降低量达到稳定为止。

【实验结果】

以每分钟变化 0.0436 为一个活力单位。

$$酶活力（U \cdot g^{-1}）= \frac{E_{240} \times 样品总体积}{0.0436} \times \frac{样品稀释倍数}{所测样品体积} \times \frac{1}{样品重（g）}$$

式中，E_{240} 为 240 nm 处每分钟内吸光值的降低值（平均值）。

二、过氧化物酶活性的测定

过氧化物酶（POD）是植物体内普遍存在的、活性较高的一种酶，它与呼吸作用、光合作用及生长素的氧化等都有密切的关系，当植物受到环境胁迫时，酶活性发生变化。在植物生长发育过程中，POD 的活性不断发生变化，因此测量这种酶，可以反映某一时期植物体内代谢的变化。通过本实验了解过氧化物酶的作用，掌握常用的测定过氧化物酶的方法——愈创木酚法。

在过氧化物酶（peroxidase）催化下，H_2O_2 将愈创木酚氧化成愈创木醌，此产物在 470 nm 处有最大光吸收，故可通过测 470 nm 下的吸光值变化测定过氧化物酶的活性。

【实验材料】

新鲜小麦叶片。

【实验设备】

分光光度计，离心机，研钵，离心管，量筒，试管，移液器。

【实验试剂】

1. 50 mmol/L 磷酸缓冲，液 pH 7.0。

2. 2% 愈创木酚溶液。

3. 2% H_2O_2。

4. 巯基乙醇，$CaCO_3$，石英砂，聚乙烯吡咯烷酮（PVP）。

【实验步骤】

1. 粗酶液提取：称取 0.5 g 小麦叶片加入少量 $CaCO_3$ 和石英砂，用预冷的 50 mmol/L 磷酸缓冲液（加入 1% PVP，0.1%）5 mL 于冰浴上研磨（研钵 -20℃ 预冷却 30 min），定容至 10 mL，然后在 0~4℃ 下离心（13 000 g）20 min，上清液即为粗酶提取液。

2. 过氧化物酶活性的测定

酶活性测定的反应体系为：

2.9 mL 50 mmol/L 磷酸缓冲液，0.5 mL 2% H_2O_2，0.1 mL 2% 愈创木酚溶液，0.1 mL

酶液。

因为只计吸光值的变化值，所以不需要对照，在常温下直接在 470 nm 波长下比色，每隔 1 min 记录 1 次吸光值，共记录 5 次。

【实验结果】

以每分钟内 A_{470} 变化 0.01 为 1 个过氧化物酶活性单位（U）。

$$过氧化物酶活性 = \frac{\Delta A_{470} \times V_T}{W \times V_s \times 0.01 \times t} (U \cdot g^{-1} \cdot min^{-1})$$

式中，ΔA_{470}——反应时间内吸光值的变化；

V_T——样品总体积（mL）；

W——材料质量（g）；

t——反应时间（min）；

V_s——测定时所取的酶液体积（mL）。

【思考题】

1. 试述 SOD、CAT 和 POD 在逆境胁迫中的作用。

2. 影响 SOD、CAT 和 POD 活性测定的因素有哪些？

植物组织中丙二醛含量测定

在衰老或逆境胁迫下，植物体内活性氧产生与清除的动态平衡被破坏，积累过多的活性氧，对生物大分子及细胞膜产生破坏作用，引起膜脂过氧化，膜系统结构和功能受损。丙二醛（MDA）是脂类过氧化的终产物，因此，测定植物组织中 MDA 的含量，可以反映脂类过氧化的程度及植物遭受逆境伤害的程度。

在高温和酸性条件下，MDA 与硫代巴比妥酸（TBA）反应，生成红棕色的三甲川（3, 5, 5- 三甲基恶唑 -2, 4- 二酮），其最大吸收波长为 532 nm。但是测定植物组织中 MDA 含量时受多种物质的干扰，其中可溶性糖与 TBA 显色反应产物在 450 nm、532 nm 处也有吸收。逆境胁迫时，植物组织的可溶性糖含量也增加，因此测定植物组织中 MDA-TBA 反应物含量时必须排除可溶性糖的干扰。此外，植物组织中的类黄酮类色素如花青素在 532 nm 处也有吸收，测定含花青素的植物样品时，也应排除其干扰。

根据朗伯 - 比尔定律：$D=kCL$，当溶液浓度以摩尔浓度（mol/L）表示，液层厚度为 1 cm 时，k 为该物质的摩尔消光（吸收）系数。若溶液中含有数种吸光物质，则该溶液在某一波长下的消光度值等于溶液中各显色物质在该波长下的消光度之和。已知蔗糖与 TBA 显色反应产物在波长 450 nm 和 532 nm 下的摩尔消光系数分别为 85.40 和 7.40；MDA 与 TBA 显色反应物在波长 450 nm 下无吸收，其摩尔消光系数为 0，在波长 532 nm 下的摩尔消光系数为 155 000。根据朗伯 - 比尔定律，列出二元一次方程：

$$D_{450}=85.40C_1 \tag{1}$$

$$D_{532}-D_{600}=7.40C_1+155\,000\,C_2 \tag{2}$$

解方程得

$$C_1\,(\text{mol/L})=11.71D_{450} \tag{3}$$

$$C_2\,(\mu\text{mol/L})=6.45\,(D_{532}-D_{600})-0.56D_{450} \tag{4}$$

式中，C_1 为可溶性糖的浓度；C_2 为 MDA 的浓度；D_{450}、D_{532}、D_{600} 分别为在波长 450 nm、532 nm 和 600 nm（非特异吸收）处的消光度值。

【实验材料】

受逆境胁迫（干旱、高温、低温等）的植物叶片或衰老的植物器官。

【实验设备】

紫外 / 可见分光光度计，离心机，研钵，10 mL 离心管，试管，剪刀，水浴锅等。

【实验试剂】

1. 10% 三氯乙酸（TCA）。

2. 6% TBA，用 10% TCA 配制。

3. 石英砂。

【实验步骤】

1. MDA 的提取：称取 1 g 试验材料，剪碎，放入研钵中，加入 2 mL 10% TCA 和少量石英砂，研磨成匀浆，再加 8 mL TCA 进一步研磨，将匀浆转移到离心管中，4000 r/min

离心 10 min，上清液即为提取液。

2. 显色反应：吸取上清液 2 mL（空白管加 2 mL 蒸馏水），加入 2 mL 0.6% TBA 溶液，混匀后在沸水浴上煮沸 15 min，冷却后再离心 1 次。

3. 测定：取上清液，分别测定波长 450 nm、532 nm 和 600 nm 下的消光度。

【实验结果】

按式（4）直接求得提取液中 MDA 的浓度，并根据植物组织的鲜重（FW）计算样品中 MDA 的含量

MDA（μmol/g）＝MDA 浓度（μmol/L）× 提取液体积（L）/ 植物组织鲜重（g）

【思考题】

查阅有关文献，分析测定植物组织中丙二醛含量时存在哪些影响因素？如何消除这些因素的影响？

实验六十六 盐胁迫对拟南芥盐敏感突变体生长的影响

采用物理、化学或遗传手段对拟南芥进行人工诱变，可获得含有大量突变体的突变体库。根据不同的筛选条件和筛选指标对突变体库进行筛选，获得所需的突变体，并对其进行深入的生理、生化分析及基因克隆，是研究基因功能的关键。本实验选用 sos1、sos2、sos3 三个对盐敏感的拟南芥突变体，以根的向地性弯曲生长为指标，观察它们在含不同浓度 NaCl 培养基上的生长情况并与野生型比较，学习拟南芥盐敏感突变体的筛选及鉴定方法，并掌握无菌条件下培养拟南芥幼苗的方法，理解相关基因对植物抗盐的重要性。

NaCl 可抑制植物的生长，植物生长受抑制的程度与 NaCl 的浓度相关。以拟南芥为例，较低浓度的 NaCl（如 50 mmol/L）对野生型拟南芥的生长有轻微的抑制作用，但当浓度超过 150 mmol/L 时，可几乎完全抑制野生型拟南芥的生长。拟南芥的某些基因对其抗盐性具有重要作用，如果这些基因发生突变而使其功能丧失，就会使拟南芥的抗盐性降低，即使较低浓度的 NaCl，也会严重地影响这些突变体的生长，而在正常情况，这些突变体的生长状况与野生型相比没有太大的差异。

将在 MS 固体培养基上直立生长 4 d 的 sos1、sos2、sos3 突变体及野生型拟南芥幼苗，转移到含有不同浓度 NaCl（50 mmol/L、100 mmol/L、150 mmol/L）的固体培养基上，以不加盐的培养基为对照，将培养皿直立放置，使植物的根尖朝上，由于植物的根具有向地性生长的特性，幼苗根的伸长部分将弯曲并沿着培养基的表面向下生长。与野生型相比，在含有一定浓度 NaCl 的培养基上，盐敏感突变体幼苗的生长抑制现象将更为显著。

【实验材料】

拟南芥盐敏感突变体 sos1、sos2、sos3 及其相应的野生型 Col 种子。

【实验设备】

高压灭菌锅，超净工作台，光照培养箱，恒温干燥箱，pH 计，4℃冰箱，培养皿，小离心管，放置培养皿的铁丝架等。

【实验试剂】

1. 75% 乙醇，工业乙醇。

2. 0.5% NaClO 消毒液含 0.01% Triton X-100。

3. MS 培养基母液

（1）10 倍大量元素母液：NH_4NO_3 16.5 g，$MgSO_4 \cdot 7H_2O$ 3.7 g，KNO_3 19.0 g，KH_2PO_4 1.7 g，$CaCl_2 \cdot 2H_2O$ 4.4 g。先将 $CaCl_2 \cdot 2H_2O$ 用蒸馏水溶解，稀释后再与其他大量元素溶液混合，用 ddH_2O 定容至 1000 mL。

（2）100 倍微量元素母液：KI 0.083 g，$Na_2MoO_4 \cdot 2H_2O$ 0.025 g，H_3BO_3 0.62 g，$CuSO_4 \cdot 5H_2O$ 0.0025 g，$MnSO_4 \cdot 4H_2O$ 2.23 g，$CoCl_2 \cdot 6H_2O$ 0.0025 g，$ZnSO_4 \cdot 7H_2O$ 0.86 g，用少量 1 mol/L HCl 将 $MnSO_4 \cdot 4H_2O$ 溶解后，再与其他微量元素的水溶液混合，用

ddH$_2$O 定容至 1000 mL。

（3）100 倍铁盐母液：EDTA-Na$_2$ 3.73 g，FeSO$_4$ · 7H$_2$O 2.78 g，用蒸馏水溶解，溶解时可加热，用 ddH$_2$O 定容至 1000 mL。

【实验步骤】

1. 高压灭菌

将培养皿、蒸馏水（装入 150 mL 三角瓶中）及 1000 μL 吸头（装入盒中）包好后，高温高压灭菌（121℃，1.2 atm，15 min），灭菌后的培养皿及吸头放入恒温干燥箱中，备用。

2. 培养基的制备

（1）MS 培养基的配制：大量元素母液 100 mL，微量元素母液 10 mL，铁盐母液 10 mL，蔗糖 30 g，蒸馏水定容至 1000 mL。用 1 mol/L KOH 调节 pH 至 5.7～5.8，分装到两个 1000 mL 三角瓶中，各加入琼脂 6 g，使琼脂含量为 1.2%。

（2）含 50 mmol/L、100 mmol/L、150 mmol/L NaCl 培养基的配制：分别称取 0.88 g、1.75 g、2.63 g NaCl，放入 500 mL 烧杯中，加入 MS 液体培养基 300 mL，用 1 mol/L KOH 调节 pH 至 5.7～5.8，在 3 个 500 mL 的三角瓶中各加入琼脂 3.6 g，分别倒入上述三种含盐培养基，并用记号笔注明 NaCl 浓度。

（3）高压灭菌：将装有培养基的三角瓶用铝箔封口后，高压灭菌。

（4）倒皿：提前 30 min 打开超净台，用 75% 乙醇喷雾降尘并擦拭台面。灭菌后的培养基趁热取出并摇匀，双手用 75% 乙醇消毒后，在超净台内，将 MS 培养基和不同浓度的 NaCl 培养基分别倒入已灭菌的培养皿中，每皿约 25 mL，凝固后待用。在培养皿底部标明 NaCl 浓度。

3. 种子消毒、播种与培养

（1）种子消毒：取拟南芥野生型 Col 及 sos1、sos2、sos3 突变体种子适量，分别装入 1.5 mL 离心管中，在超净台中加入 NaClO 消毒液 1 mL，盖上盖子，反复振摇，使种子与消毒液充分接触，消毒 15 min。待种子下沉后，倒掉上层液体，加入灭菌蒸馏水 1 mL 振摇，种子下沉后，弃上清，反复清洗 5 或 6 次。

（2）播种：向小离心管中加少许灭菌蒸馏水，用微量移液器将种子与水混合，吸取少量含水的种子，取下吸头，手持吸头，将野生型与突变体的种子分别均匀地、成行地播在 MS 固体培养基表面上，每行间隔 1～1.5 cm，尽量使所播的种子是一粒一粒分散开，以便移苗操作。等附着在种子表面上的水滴在超净台内基本吹干后，盖好培养皿，用封口膜将培养皿封上。在培养皿底部做好标记。

（3）低温处理：将播种后的培养皿放入 4℃冰箱，低温处理 2～3 d，以使种子的萌发较为一致。

（4）培养：将培养皿从冰箱中取出，直立略向后倾斜放在特制的架子上，然后放入光照培养箱中［23℃，16 h 光 /8 h 暗，光合有效辐射 50～100 μmol/（m^2 · s）］，培养 4 d 左右，使幼苗的根部沿着培养基的表面向下生长。幼苗的根长约 1 cm 时，进行下一步实验。

4. 突变体与野生型的生长比较

（1）移苗：在超净台内选择大小基本相同的野生型与突变体幼苗，用消毒过的小镊子将小苗分别转移到 NaCl 含量为 0、50 mmol/L、100 mmol/L、150 mmol/L 的 MS 固体培养基表面。每皿摆 3 排，每排均需摆放野生型的小苗为对照（图 66-1）。用记号笔在培

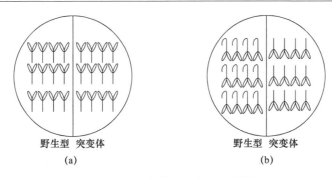

图 66-1 根弯曲生长实验示意图

（a）将生长 4d 的野生型与突变体幼苗摆放在固体培养基上；（b）在含 NaCl 的培养基上，盐敏感突变体的生长抑制现象更为明显

养皿底部注明小苗的类型。

移苗时应注意：无菌操作；所用镊子蘸乙醇后在酒精灯火焰上消毒，必须晾凉后使用；动作要轻柔，切勿损伤小苗尤其是根尖，以免出现假阳性结果；将幼苗摆放到培养基上时，可轻微地略向前上方向提拉小苗，将根部拉直，并使其紧贴培养基表面。

（2）培养：用封口膜将培养皿封好，使根尖朝上，将培养皿直立略向后倾斜放在特制的架子上，放入光照培养箱中［23℃，16 h 光 /8 h 暗，光合有效辐射 50～100 μmol/（m² · s）］培养。

【实验结果】

每天观察突变体与野生型植株在不同浓度的 NaCl 培养基上的生长情况，尤其是根尖的弯曲程度。某些特别敏感的植株，在两三天后即可见到阳性结果，特别是在高浓度的 NaCl 培养基上，5～7 d 即死亡。比较突变体与野生型幼苗及 3 种不同的突变体幼苗的生长状况及对盐敏感程度的差异，记录结果。

【思考题】

结合你的研究方向或兴趣，设计一种筛选突变体的方法。

低温胁迫对植物造成的伤害分为零上低温的冷害（chilling injury）和零下低温的冻害（freezing injury）。冷害直接影响植物光合作用和呼吸代谢等生理过程，严重时可造成植物生长停滞，甚至失水死亡。如果温度达到零下甚至一直持续这种环境温度，植物组织间会出现冰核，随着冰晶的扩大，植物组织发生不可逆的机械损伤，严重时导致植物死亡。在实验中，常常以死亡率作为指标来衡量冻害的程度。在漫长的进化过程中，一些处于温带的植物，在季节由温暖的春夏向秋冬转变时，它们展现出抗冻性逐渐增强的现象。这种经过一段时间非致死的低温处理而增强植物抗冻性的过程被称为冷锻炼（cold acclimation）。

本实验以拟南芥为材料检测冷冻对植物的伤害及冷锻炼对植物抗冻性的作用。

【实验材料】

拟南芥种子。

【实验设备】

低温培养箱，超净工作台，光照培养箱，水平摇床，培养皿，1.5 mL 离心管等。

【实验试剂】

1．1% NaClO 消毒液含 0.05% 吐温 20。

2．1/2 MS 固体培养基：MS 培养基固体粉末 2.23 g，蔗糖 20 g，琼脂 8 g，用 ddH$_2$O 定容至 1 L。1 mol/L KOH 调 pH 至 5.8。高温高压灭菌（121℃，1.2 atm，15 min）。在超净台内，将 MS 培养基分别倒入已灭菌的直径 9 cm 培养皿中，每皿约 25 mL，凝固后待用。

【实验步骤】

1．拟南芥种子灭菌：将适量干燥的拟南芥种子放置于 1.5 mL 离心管中，加入 1 mL 新鲜配制的 NaClO 消毒液，轻微振荡灭菌 15 min，离心。在超净台中倒掉灭菌液，用无菌水洗涤 5～6 次。灭菌后的种子先置于 4℃ 2 d 左右以期萌发一致。

2．播种：将灭菌后的野生型和突变体种子按照合适的密度均匀地播在同一个含有 1/2 MS 固体培养基的培养皿中，置于光照培养箱 [23℃，16 h 光 /8 h 暗，光强（光合有效辐射）100 μmol/（m^2·s）] 生长 14 d。

3．冷锻炼处理：拟南芥生长 14 d 后，将一组材料置于 4℃光照培养箱中冷锻炼 3 d。另一组不做冷锻炼处理。

4．冻处理实验：将低温培养箱程序进行设定，从 0℃ 开始，−1℃ /1 h 进行梯度降温至设定的温度。根据幼苗的生长状态，未经冷锻炼的拟南芥幼苗降至 −4～−5℃ 范围处理，冷锻炼后的幼苗降至 −9～−10℃ 范围处理。冻害处理后的幼苗要先经过 4℃黑暗处理 12 h，使培养基缓慢解冻，之后再置于 22℃光照培养箱中恢复生长 3 d 后统计存活率。

【实验结果】

观察表型和统计幼苗死亡率。死亡率以生长点是否长出新叶为标准。

【思考题】

1. 为什么要先进行冷锻炼?

2. 非冷锻炼和经过冷锻炼的两组材料经冻害实验处理后的结果相同吗? 为什么?

3. 还有哪些生理指标可以反映植物的抗冻能力?

主要参考文献

李合生，王学奎. 2019. 现代植物生理学. 4 版. 北京：高等教育出版社.

王晓菁. 2019. 植物生理学. 8 版. 北京：高等教育出版社.

武维华. 2018. 植物生理学. 3 版. 北京：科学出版社.

张蜀秋. 2011. 植物生理学实验技术教程. 北京：科学出版社.

中国科学院上海植物生理研究所，上海市植物生理学会. 1999. 现代植物生理学实验指南. 北京：科学出版社.

Ames BN. 1966. Assay of inorganic phosphate, total phosphate and phosphatases. Methods Enzymol, 8: 115-118.

Buchanan BB, Grusssem W, Jones RL. 2015. Biochemistry and Molecular Biology of Plants. 2nded. Oxford: Wiley-blackwell Physiologists.

Chiou TJ, Aung K, Lin SI, et al. 2006. Regulation of Phosphate homeostasis by microRNA in *Arabidopsis*. Plant Cell, 18: 412-421.

Clough SJ, Bent AF. 1998. Floral dip: a simplified method for agrobacterium-mediated transformation of *Arabidopsis thaliana*. Plant J, 16: 735-743.

Cocking EC. 1960. A method for the isolation of plant proplasts and vacuoles. Nature, 187: 927-929.

Ding Y, Li H, Zhang X, et al. 2015. OST1 kinase modulates freezing tolerance by enhancing ICE1 stability in *Arabidopsis*. Dev Cell, 32(3): 278-289.

Gao Y, Wu WH, Wang Y. 2017. The K$^+$channel KZM2 is involved in stomatal movement by modulating inward K$^+$currents in maize guard cells. Plant J, 92: 662-675.

Gao Y, Wu WH, Wang Y. 2019. Electrophysiological identification and activity analyses of plasma membrane K$^+$channels in maize guard cells. Plant Cell Physiol, 60: 765-777.

Gu L, Jiang T, Zhang C, et al. 2019. Maize HSFA2 and HSBP2 antagonistically modulate raffinose biosynthesis and heat tolerance in *Arabidopsis*. Plant J, 100(1): 128-142.

Hua D, Wan C, He J, et al. 2012. A Plasma Membrane Receptor Kinase, GHR1, Mediates Abscisic Acid- and Hydrogen Peroxide-Regulated Stomatal Movement in *Arabidopsis*. Plant Cell, 24: 2546-2561.

Irving HR, Gehring CA, Parish RW. 1992. Changes in cytosolic pH and calcium of guard cells precede stomatal movements. Pro. Natl.Acad. Sci. USA, 89: 1790-1794.

Larkin JC, Foderick F, Das A. 1990. Floral determination in the terminal bud of the short-day plant *Pharbitis nil*. Development Biology, 137: 434-443.

Liu Q, Ding Y, Shi Y, et al. 2021. The calcium transporter ANNEXIN1 mediates cold-induced calcium signaling and freezing tolerance in plants. EMBO J, 40(2): 104559.

Peng M, Armstrong CL, Caldo RA, et al. 2011. Gene expression biomarkers provide sensitive indicators of in planta nitrogen status in maize. Plant Physiol, 157(4): 1841-1852.

Qin YJ, Wu WH, Wang Y. 2019. ZmHAK5 and ZmHAK1 function in K$^+$uptake and distribution in maize under low K$^+$conditions. J. Integr. Plant Biol. 61: 691-705.

Rudd JJ, Franklin-Tong VE. 2001. Unravelling response-specificity in Ca^{2+}signalling pathways in plant cells. New Phytologist, 151: 7-33.

Sauer M, Paciorek T, Benková E, et al. 2006. Immunocytochemical techniques for whole-mount *in situ* protein localization in plants. Nat Protoc. 1(1): 98-103.

Shimizu-Sato S, Huq E, Tepperman JM, et al. 2002. A light-switchable gene promoter system. Nature Biotechnology, 20(10): 1041-1044.

Taiz L, Zeiger E, Moller IM, et al. 2015. Plant Physiology and Development.6th ed. Sunderland, Massachusetts: Sinauer Associates, Inc. Publishers.

Tian Q, Chen F, Liu J, et al. 2008. Inhibition of maize root growth by high nitrate supply is correlated with reduced IAA levels in roots. J Plant Physiol, 165(9): 942-951.

Wang K, He J, Zhao Y, et al. 2018. EAR1 negatively regulates ABA signaling by enhancing 2C protein phosphatase activity. Plant Cell, 30: 815-834.

Xin P, Guo Q, Li B, et al. 2020. A tailored high-efficiency sample pretreatment method for simultaneous quantification of 10 classes of known endogenous phytohormones. Plant Comm, 1: 100047.

Yu T, Lu X, Bai Y, et al. 2019. Overexpression of the maize transcription factor ZmVQ52 accelerates leaf senescence in Arabidopsis. PLoS One, 14(8): e0221949.

Zhang M, Cao Y, Wang Z, et al. 2018. A retrotransposon in an HKT1 family sodium transporter causes variation of leaf Na$^+$ exclusion and salt tolerance in maize. New Phytol, 217: 1161-1176.

Zhou PM, Liang Y, Mei J, et al. 2021. The Arabidopsis AGC kinases NDR2/4/5 interact with MOB1A/1B and play important roles in pollen development and germination. Plant J, 105: 1035-1052.

Zhu L,Chu LC, Liang Y, et al. 2018. The Arabidopsis CrRLK1L protein kinases BUPS1 and BUPS2 are required for normal growth of pollen tubes in the pistil. The Plant Journal, 95: 474-486.